엄
마
의

큰

그
림

남들과 비교하지 않고
내 아이를 중심에 두고 그리는 ────

엄마의 큰 그림

박은선 글·그림

청림Life

내 아이,
엄마의 사랑으로 그린 명작

아이의 인생은 엄마가 만든 명작이길 바랍니다.
엄마가 정성스럽게 빚고 예쁘게 다듬어 티끌 하나 없이
가장 반짝이는 작품으로 빛나기를 희망해요.

엄마가 되니 욕심이 끝이 없습니다.
내 아이는 완벽했으면 좋겠고,
누구보다 높은 위치에 우뚝 섰으면 해요.
엄마가 미처 이루지 못한 꿈을

아이에게 강요하게 되고

거두지 못한 성공을 갈구하게 됩니다.

귀중한 내 아이가 우주에서

가장 찬란한 별이 되길 바라는

엄마의 욕심은 당연합니다.

하지만 아이는 엄마와는 다른 독립된 인격체입니다.

엄마의 그림 그대로 완성될 수는 없어요.

엄마는 그저 멀리 보고 교육의 큰 틀을 제시할 뿐입니다.

아이 교육의 큰 그림은 아이가 가진 장점과 재능을 발견하고

가치 있는 사람으로 성장할 수 있도록 그려져야 해요.

아이는 아이답게 제 나이의 낭만을 즐기며 꿈을 꾸고,

엄마는 엄마답게 사랑의 울타리가 되어주어야 합니다.

이렇게 말한들 행동은 쉽지 않더군요.

이 책은 욕심 많은 엄마가 아이 교육의 큰 그림을 그리며

겪었던 경험과 다짐의 글을 담았습니다.

완벽한 엄마가 그리는 완벽한 그림이 아닙니다.

거친 터치로 하얀 도화지 같은 아이의 마음이 찢어지기도 했고
내 아이에게 어울리지 않는 옆집 아이의 색을 칠하기도 했어요.
그럼에도 계속해서 큰 그림을 그리고 또 그리고 있습니다.
엄마의 뚝심 있는 마음만큼은 흔들리지 않으리라 다짐하며
사랑의 붓을 놓지 않고 있습니다.

이 책이 저와 같은 평범한 엄마들에게
한 조각의 위로가 되었으면 해요.
오늘도 아이에게 소리친 후 후회하고,
공부하라고 떠밀며 초초해했나요?
아이를 사랑하는 마음만 변치 않는다면
다시 중심을 잡을 수 있을 거예요.

육아의 고된 현장 속에서
20년 후를 내다보며 붓을 들었다면
엄마 인생의 큰 그림도 함께 그려야 합니다.
아이는 아이 스스로 창의적인 삶을 그리고,
엄마는 엄마 스스로 아름다운 삶을 그릴 수 있도록 말이에요.

세계 제일의 명작들에는 작가의 혼이 담겨 있습니다.

고가의 재료가 아닌 작품에 대한 사랑,

빈틈없이 그려내기보다 조화롭게 완성시키는 여유,

무엇보다 굳은 심지에서 나오는 믿음이 명작을 만듭니다.

우리에게 찾아와준 소중한 아이는

이미 어디에도 없는 유일한 명작입니다.

엄마의 사랑과 여유, 믿음으로 완성된 걸작이에요.

교사이자 두 아이의 엄마,

박은선

PART
01

아이의 행복을
중심에 두는
엄마의 그림

하얀
도화지

아이들은 하얀 도화지입니다. 엄마가 그리는 대로 그려지는 순백의 종이. 아이가 태어나면 어떤 모습으로 그릴까 상상해봤어요. 영화배우 같은 타고난 꽃미모는 못 줄지언정 똑똑한 머리는 엄마의 붓으로 충분히 색칠해줄 수 있을 것 같았어요. 평소 듣지도 않던 슈베르트의 자장가를 배 속 아이에게 들려주었습니다. 틈틈이 동화책을 읽어주고 대화도 나누었어요.

태교는 시작일 뿐 아이가 태어나니 그림이 점점 복잡해집니다. 아이가 책을 즐겨 읽었으면 좋겠고, 외국인들과 블라블라 자연스럽게 얘기했으면 좋겠고, 튼튼한 몸을 위해 운동도 잘했으면 좋겠고, 악기 연주는 취미로 하나쯤 할 수 있으면 좋겠고… 아, 엄마처럼 '수포자'는 되지 않아야 해요. 남들 앞에서 당당하게 말도 잘하면 좋겠어요.

다시 결혼 상대자를 찾는 것도 아닌데 상상 속의 이상형을 그려 봅니다. 도화지처럼 새하얗게 태어난 아이에게 알록달록 화려한 색을 입혀 엄마만의 작품을 만들고 싶은 마음이 차오릅니다. 내 아이가 세계 제일의 명화가 된다면야 있는 돈 없는 돈 들여 비싼 붓과 최고급 물감으로 덕지덕지 바르고 싶어요. 세상에서 가장 빛나고 아름답게 그리게요.

하지만 저는 알고 있어요. 아이들의 그림에는 그다지 값비싼 재료가 필요 없다는 것을요. 백만 불짜리 다이아몬드를 도화지에 붙인다고 해서 명화가 되지 않는다는 것을요. 이미 저마다 순수한 색을 품고 있는 아이들. 새하얀 종이만으로도 어떤 다이아몬드보다 반짝반짝 빛나고 있어요. 꾸덕꾸덕 금가루를 묻힌 붓을 엄마가 힘차게 눌러 그리면 약하디약한 도화지는 이내 찢어지

고 맙니다. 그럼에도 불구하고 자꾸 금가루를 뿌리고 싶은 마음
은 여전합니다만.

엄마는 새하얀 도화지가
더러워지거나 찢어지지 않게
조심해줄 뿐입니다.

혼자서도
잘 자기

육아의 첫 번째 큰 그림은 아이가 독립해서 자는 거였어요. 외국 드라마를 보면 엄마, 아빠가 어린 아기에게 '굿 나잇' 하며 키스 한 번 하고 쿨하게 아기 방에서 퇴장하잖아요. 그 모습이 어찌나 멋져 보이던지. 아이를 재우고 남편과의 오붓한 시간을 보내고 싶었습니다.

아기가 태어난 지 2주나 됐을까, 수면교육에 돌입했습니다. 순둥이 첫째 아이는 책에서 말한 시간표대로 잘 따라와줬어요. 외국 엄마처럼 매몰차게 뽀뽀만 하고 나오지는 못했지만 잠들 때까지 옆에서 누워 있다가 살짝 자리를 피하면 아이는 아침까지 엄마를 찾지 않고 잘 잤습니다. 첫 번째 그림은, 성공이었어요.

둘째가 태어나고 또 자신 있게 수면교육을 시작했어요.
"응애~ 응애~."
30분마다 깹니다. 조금 크면 달라질까요? 아니에요.
"엄마! 엄마!"
한밤중에 공포영화에서나 볼 법한 산발머리로 침대에서 기어 나옵니다. 아기와 같은 침대에서 자지 않겠다는 다짐은 깨진 지 오래예요. 둘째가 네 살까지는 한 침대에서 뒹굴뒹굴했네요.

저는 요리엔 젬병입니다. 백종원 아저씨는 구세주와 같은 존재 예요. 간단한 레시피라 쉽게 따라 할 수 있죠. 그런데 왜 제맛이 나지 않죠? 같은 재료, 같은 레시피인데 말이죠. 찜닭을 했는데 지난주 맛과 이번 주 맛이 다릅니다. 할 때마다 손맛이 달라서 인지 완성한 음식은 제각각입니다.

요리도 그런데 하물며 아이들은 어떻겠어요? 엄마 기분에 따라 아이의 감정에 따라 손을 탑니다. 책대로 되는 아이가 있는가 하면 제멋대로인 아이가 있어요. 엄마의 레시피대로 따라 오는 아이가 있고 그렇지 않은 아이가 있어요.

엄마 선배인 친구들은 첫째 아이의 수면교육 성공담을 듣더니 돌연변이 보듯 했어요. 책대로 되는 아이는 처음 봤다고 말이죠. 이제야 고백하자면 그 책대로 되던 아이가 요즘 들어 엄마와 함께 자고 싶다고 합니다. 역시 돌연변이는 아니었나 봐요.

그렇게 제 첫 번째 큰 그림은 무산되었어요. (지금 생각해보면 큰 그림도 아니지만요.) 책대로 주무르면 예쁜 요리가 되는 줄 알았어요. 하지만 어떻게 판에 찍은 듯 똑같이 크겠어요. 엄마의 그림에는 자꾸만 변수가 늘어갑니다.

엄마의 그림은 늘 미완성이에요.
내 아이만의 색을 찾기까지
언제든 지우고 다시 그려질 수 있어야 해요.

수호
천사

그 아이 이름은 수호였어요. 학창시절 가장 무섭다는 열다섯 살 '중2'였습니다. 교실 안 아이들은 중2병에 걸려 말끝마다 18, 18, 18 하고 눈에서 레이저를 쏘고 다녔습니다. 훗날 이불 킥 할 만한 헤어스타일로 친구들에게 우쭐대는 게 일상이었죠. 세상 제일 고독했다가도 엄마에게 내 인생은 내버려두라며 큰소리치는 아이들이었어요.

수호는 달랐어요. 적당한 키에 삐쩍 마른 몸, 수수한 얼굴, 정돈된 상고머리, 숫기 없는 표정이었습니다. 제가 질문이라도 하면 부끄러운 듯 고개를 숙이고 작은 목소리로 얘기했어요. 그런데 참 이상했어요. 아이들에게 짝을 하고 싶은 친구를 물어보면 남자, 여자 할 것 없이 하나같이 수호를 원했습니다. 수호가 착하다는 이유에서였어요.

우리 반엔 몸이 불편한 친구가 있었습니다. 제 감정을 잘 조절하지 못해 친구들에게 화를 내기 일쑤여서 친구들과 원활한 의사소통이 안 되었습니다. 그 친구와 유일하게 대화를 하는 건 수호였어요. 준비물이 없다면 조용히 빌려주고, 체육시간에 짝이 없다면 묵묵히 줄넘기도 같이 했어요. 수호는 몸은 말랐지만 운동을 잘하고 힘 좀 쓰는 아이여서 알게 모르게 그 친구의 든든한 방패가 되어주었어요.

그런 수호 옆엔 항상 친구가 많았어요. 말수는 없었지만 친구들의 말을 잘 들어주고 말보다 몸으로 행동하는 아이였거든요. 수호가 급식 당번이었을 때였어요. 메추리알 장조림을 친구들에게 열심히 퍼주고 있었는데 급식을 받던 여자아이가 식판을 떨어뜨리며 꺅 소리를 지르더라고요. 순간 징그러운 지네 같은 것이 발밑으로 지나가고 있었어요. 저도 벌레는 너무 싫어 같이 비명을 지르고 말았어요. 교실 안 35명은 모두 얼음이 되었습니다. 순간 수호는 말없이 벌레를 발로 밟아 죽이고는 휴지로 뒤처리를 했어요. 손을 깨끗이 씻고 와서는 아무 일 없었다는 듯 다시 반찬을 퍼주더라고요. 그때 수호는 우리 반의 '수호천사'였습니다.

중2병이 웬 말이에요? 천사병에 걸려 친구들에게 선함을 실천하는 아이. 그러면서도 친구들에게 인기가 많은 아이. 수호의 착한 마음은 어떻게 만들어진 걸까 궁금했어요.

3월 초 학부모님께 가정통신문으로 보냈던 '선생님께 들려드리는 자녀 이야기'를 읽어보았습니다. 수호 어머니가 적어주신 내용은 지금도 잊혀지지 않아요. '올해 자녀에게 바라는 점'엔 이렇게 적혀 있었습니다.

'늘 어려운 사람을 돕고 베푸는 사람이 되길 바랍니다.'

수호 어머니가 바란 건 수학 백점, 영어 백점이 아니었습니다. 이타심과 배려심이 충만한 아이였습니다.

수호가 왜 '수호천사'가 되었는지 그제야 이해할 수 있었어요. 수호의 꿈은 경찰이라고 했어요. 어려운 사람을 돕고 행복한 사회를 만들고 싶다고 했거든요. 그 성격 어디 가겠어요, 참 수호다운 꿈이라 생각했습니다. 그 시절 열다섯 살이었던 수호는 지금쯤 경찰이 되어 또 누군가의 수호천사가 되어 있겠지요?

10년 넘게 만나온 수많은 학생들 중 제 아이가 수호를 닮았으면 좋겠습니다. 힘이 있다고 생색내지 않고 약자를 보면 조용히 지켜주는 사람이요. 도움이 필요한 친구에게 기꺼이 수호천사가 되어주었으면 해요.

엄마의 바람과 기준이 달라지면
아이도 남다른 아이로 자랍니다.

공부의
큰 그림

솔직히 아이가 일류 대학에 가면 좋겠습니다. (물론 저는 'SKY' 출신이 아니지만요.) '○○대 출신'이라는 간판만으로 그 사람이 우월해 보여요. 연예인들이 명문대를 나왔다고 하면 다시 한 번 보게 되고요. 아이들도 학교에서 서울대 출신 선생님은 더 유능하다고 생각해요. 대학만 잘 나오면 번지르르한 회사에 취업도 잘될 것 같아요. 아이가 이왕 공부하는 거 최상위 성적을 받고 서울대에 들어가면 얼마나 자랑스러울까요? (솔직한 엄마의 마음이죠.)

얼마 전부터 서울대 합격 노하우를 담은 유튜브를 찾아보기 시작했어요. 자녀를 서울대에 보낸 엄마들과 서울대생들이 직접 나와서 공부하는 방법을 구체적으로 알려주는 영상에 귀가 쫑긋해졌어요. 그들만 따라 하면 저도 아이를 서울대에 보낼 수 있겠어요! (원대한 엄마의 김칫국일까요?)

안타깝게도 고등학생들과 입시 상담을 하는 저는 확실하게 알고 있습니다. 서울대에 가려면 내신과 수능성적이 전교에서, 아니 전국에서 손에 꼽힐 정도로 뛰어나야 합니다. 상위 1%도 합격선을 넘지 못할 수 있어요. 그럼에도 불구하고 엄마인 저는 욕심을 부리네요. 아직 초등학생 아이는 아무 생각이 없는데 말이죠.

제 남편은 지방의 이름 모를 대학 출신입니다. 사춘기 시절 방황하다 뒤늦게 공부해서 그나마 간 대학이라나요. 들어보지도 못한 대학을 나왔어도 출신 대학에 대한 부끄러움은 하나도 없습니다. 누가 보면 하버드, MIT 공대를 나온 사람으로 볼 거예요. 어디서 나오는 건지 모르지만 자신의 능력을 믿는 마음은 하늘을 찌를 듯해요. 남편은 무덤덤하게 말합니다.

"대학 이름이 무슨 소용이야. 자신이 하고 싶은 일을 자신감 있게 하면 되지."

서울대를 졸업하고 토익 만점, 인턴십 경험, 제 2외국어와 컴퓨터 자격증으로 이력서의 빈칸을 꽉꽉 채워도 취업이 어렵다고 해요. 일류대학 졸업생들이 대학원으로, 창업으로 눈을 돌리지만 생각만큼 일이 풀리지 않아요. 고학력의 대명사인 박사도 열에 셋은 백수라니 학력이나 대학 간판이 취업을 보장해주지 않습니다.

저는 경쟁사회에서 1등만 기억하는 교육을 받아서인지 일류대학이 일류기업에 취업하는 프리패스마냥 생각되었습니다. 서울대만 나오면 순탄한 길을 걸을 줄 알았어요. 맹목적으로 잘 닦인 길이라 믿고 이끌어주고 싶었어요. 하지만 서울대 나온다고 성공한 미래가 보장되지 않아요. 하버드대 나온다고 모두 떵떵거리며 살지 않고요. 이제 엄마로서 욕심을 내려놓고 다짐합니다.

대학의 이름보다
아이의 이름이 빛나야 합니다.
스펙보다 중요한 건 자존감입니다.

아이의
마음

아이의 마음속에 좋은 것들이 가득 찼으면 합니다.
자존감, 자신감, 자립심, 자부심, 자긍심, 자존심,
자아 존중감, 자기 효능감, 자아 정체감….

아이 스스로 존중 받을 가치가 있다고 느낄 때,
아이 스스로 어떤 일을 뜻대로 할 수 있다고 느낄 때,
아이 스스로 할 수 있는 일들이 늘어날 때,
아이 스스로 한 일에 뿌듯함을 느낄 때,
아이 스스로 떳떳한 마음으로 자랑하고 싶은 마음이 들 때,

아이 스스로 품위를 지키려는 마음이 들 때,

아이 스스로 유능한 존재로 믿을 때,

아이 스스로 문제를 해결할 수 있다고 믿을 때,

아이 스스로 어떤 사람인지 정의를 내릴 때,

아이는 비로소 자아실현을 할 수 있습니다.

아이가 자신의 삶에 주인이 되길 바랍니다. 누구를 위한 삶이
아닌 자신의 삶에 열정을 갖고 능력과 소질을 충분히 펼치길 바
랍니다. 자신에게 중요하고 의미 있는 일을 찾아 자신만의 기준
으로 '나'다운 인생을 살길 원합니다.

영화 〈죽은 시인의 사회〉에서 키팅 선생님의 말처럼요.
"그 누구도 아닌 자기의 걸음을 걸어라. 나는 독특하다는 걸 믿
어라. 누구나 몰려가는 줄에 설 필요는 없다. 자기 걸음으로 자
기 길을 가라. 바보 같은 사람들이 뭐라 비웃든 간에…."

아이의 행복은
아이 자신 안에 있습니다.

엄마 친구
아이 친구

고등학교 3년 내내 옆집 아이와 함께 등교를 했습니다. 옆집 아이의 엄마는 저의 엄마와 친구였어요. 아침마다 아빠 차를 함께 타고 학교에 갔습니다. 등교하는 차 안에서 20여분 동안 우리 둘은 인사만 건네고 아무 말도 하지 않았어요. 3년 동안.
처음에 엄마, 아빠는 "윤미랑 친하게 지내."라고 말씀하셨어요. 윤미는 마음씨도 착하고 예쁘고 똑똑한 모범생이었어요. 부모님 말씀대로 친하게 지내면 좋았겠죠. 그런데 그게 참 어렵더라고요. 마음이 움직이지 않았어요. 윤미가 나빠서, 모나서가 아니라 그냥 저랑 맞지 않았어요.

심지어 우리는 2학년 때 같은 반이 되었습니다. 어색한 것도 굳은살이 생기는지 그럭저럭 조용하게 등굣길을 함께 했습니다. 하지만 교실에서 노는 무리는 완전히 달랐어요. 같은 동네라 성인이 되어 오가며 마주치기도 했지만 인사만 할 뿐 속 깊은 친구는 되지 못했습니다.

아이가 초등학교에 가면서 공부도 공부지만 원만한 친구관계를 맺기 바랐습니다. 다행히 아파트의 같은 라인에 반 친구, 다른 반 친구가 서너 명 살고 있었습니다. '저 친구들과 학교를 같이 가고 친하게 지내면 좋겠다.' 싶었어요. 그런데 엘리베이터에서 그 아이들을 만나면 안녕 인사만 하고 서로 제 갈 길을 가더라고요.

아이는 학교에서 다른 친구와 단짝 친구가 되었습니다. 단짝 친구와 방과후 놀이터에 나가 줄넘기를 하며 낄낄대고, 아파트 단지를 뛰어다니며 탐정 놀이를 하고, 마음을 나누고 우정을 나눕니다. 반면, 그 아이 엄마와 저는 친구가 되지 못했습니다.

아이의 친구는 엄마가 억지로 만들 수 없습니다. 교실 안의 모

든 아이와 친하게 지낼 수 없어요. 그럴 필요도 없고요. 같은 것을 좋아하고, 같은 것을 싫어하고, 재밌는 것을 나누고, 힘든 것을 함께 할 수 있는 좋은 친구 한 명이면 충분합니다.

아이들은 각자 다양한 색을 가지고 있어요. 자신과 비슷한 색을 내는 아이와 친구가 됩니다. 다른 색이라고 모두 어울려야 하는 것은 아니에요. 저마다의 색으로 조화로운 인연을 만들어갑니다.

지금 생각해보면 윤미는 남색, 저는 노란색쯤 되었나 봐요. 서로 반대편에 있는 보색. 그러니 너무 애쓰지 말아요.

아이들은 자연스럽게
자신과 어울리는 색을 찾을 거예요.

책 바다에
풍덩

이것만큼은 양보 못합니다. 독.서.욕.심.

아이가 책을 사랑했으면 좋겠습니다. 날마다 밥을 먹듯 글밥을
먹고, 날마다 잠을 자듯 책꿈을 꾸었으면 해요. 네, 공부를 잘하
기 위해서 하는 독서 맞아요. 성공한 사람들은 어렸을 때부터
책에 몰입한 시간이 많았다죠?

독서는 사고력, 논리력, 어휘력, 독해력을 키우는 열쇠라고 하
네요. 지식과 상식이 쌓이고 상상력과 창의력에 효과적이랍니
다. 실제로 하지 못하는 일들을 간접적으로 다양하게 경험할 수

있어요. 독서를 통해 마음의 치유까지 된다니, 안 할 이유가 있나요?

그렇게 제 아이는 생후 20개월부터 10살이 된 지금까지 매일 밤 잠자기 전에 책을 읽고 있습니다. 만 7년 넘게 책을 읽었다니 극성엄마 같지요? 아니요, 취학 전엔 하루에 딱 15분만 읽어줬어요. 취학 후엔 하루 30~40분씩 함께 책을 읽고 있어요. 건너뛰는 날도 다반사고요.

아이가 책을 좋아하게끔 유혹하는 장치를 해두긴 합니다. 도서관에서 어린이들 사이에서 가장 인기가 많다는 책 빌려오기, 똥이 들어가는 주제의 책을 방바닥에 깔아주기, 웃음 폭탄이 터질 것 같은 책은 책상 위에 무심하게 두기, 아이가 좋아하는 관심 분야의 학습 만화 책 던져주기 등. 재미있게 읽을 때도 있지만 팽 당할 때도 빈번합니다.

그래서일까요? 책의 바다에 풍덩 빠지지는 않았습니다. 괜찮아요. 바다에 입수하는 것까지 바라진 않아요. 엄마의 강압으로 독서 시간을 늘리려다 아이가 엉엉 울며 잠든 날을 기억하거든요.

그날은 아이가 독서 시간인데 그림만 그리고 있었어요. 저는 참지 못해 폭발하여 "독서 시간이 훨씬 지났어, 약속 안 지켜?"라고 채근하며 나무랐어요. 당연히 기분 좋게 책을 읽을 수 없었을 거예요. 책을 보면서도 화장실 한 번 다녀오고, 코딱지 한 번 파고, 물 한 모금 먹는 등 집중하지 못했어요. 저는 또 다시 화가 치밀어 올라 아이에게 "지금 읽고 있는 내용을 제대로 파악하고 있는 거야?"라고 사납게 물었어요. 아이는 통곡하며 책 읽는 시간이 힘들다고 말했습니다. 책을 좋아하는 아이로 만든다는 마음은 사라지고 책을 싫어하게끔 끔찍한 시간을 만들었습니다.

책의 바다에 풍덩 빠지게 하려다 고통스러운 책의 늪에 빠지지 않도록 조심해야 해요. 매일 책밥을 먹되 맛있는 메뉴로, 기분 좋게 먹어야 합니다. 책 바다에 찰랑찰랑 발 담그기만 해도 좋아요. 책을 읽으며 아이에게서 평온한 마음, 얼굴의 미소를 읽으면 그만입니다. 책 바다 근처에 가지도 않고 '우리 아이는 도통 책을 거들떠보지 않아요.'라고 하면 곤란해요. 적당한 독서

욕심은 부려야 해요.

아이와 매일 10분이라도 책 바다에 발을 담그세요.
단, 과욕은 금물.

창의성
기르기

새 학년이 시작되고 첫 미술 수업에는 A4 종이를 두 명에 한 장씩 나누어줍니다.

"짝과 같이 쓸 테니 종이를 반으로 나누세요."

학생들은 하나같이 종이를 가로로 길게 놓고 반으로 자릅니다. 저는 꼭 그렇게 나누라고 얘기한 적 없거든요. 세로로 길게 잘라도 되고, 대각선으로, 지그재그로 잘라도 반이 될 수 있어요. 저의 설명을 들은 학생들은 그제야 자신들의 고정된 생각에 깜짝 놀랍니다.

며칠 전 『어린 왕자』를 다시 읽었어요. 유명한 '코끼리를 삼킨 보아 뱀' 그림이 있습니다. 저는 그 그림이 당연히 모자로 보입니다. A4 종이를 일률적으로 등분한 학생들의 눈에도 모자로 보일 거예요.

로봇과 AI가 지배한다는 미래 교육엔 창의성이 필수라고 합니다. 천편일률적인 생각에서 벗어나 인간만이 가지는 새로운 것을 생각해내는 것. 인간만이 가지는 고유한 생각, 창의성.
창의성은 어떻게 길러지는 걸까요? 미술 학원, 음악 학원을 다니면 될까요? 창의력 수학 학원도 있던데, 효과가 좋을까요?

아이의 어릴 때를 떠올려보세요. 다리가 여섯 개 달린 강아지, 노란색의 뭉게구름, 집채만 하게 그린 공주 모습을 볼 수 있어요. 생텍쥐페리가 특별해서 코끼리를 본 게 아니라 여섯 살 어린 아이였기에 볼 수 있었습니다.

누구나 창의성은 마음속에 지니고 태어납니다. 그냥 두면 새롭게 생각할 수 있는 것을 어른들은 자꾸 매만져주고 싶어요. 시시비비를 알려주고 싶어요. 강아지 다리는 네 개이고, 뭉게구름은 하얀색이고 사람은 집보다 작게 그려야 하고….

창의성에 옳고 그름은 없습니다. 오래된 생각을 버릴수록 창의성이 발현됩니다. 아이들이 반짝이는 아이디어를 떠올리기도 전에 우리가 먼저 정답을 알려준 건 아닐까요?
톡톡 튀는 생각, 괴짜 같은 엉뚱발랄한 생각, 쓸데없어 보이는 잡다한 생각, 판을 깨는 기발한 생각…. 아이들의 순수한 생각을 존중해주세요. 창의성은 그렇게 시작됩니다.

자, 이제 아이에게 A4 종이 한 장을 건네며 반으로 나눠보라고 하세요. 엄마는 지켜보기만 합니다.

케케묵은 고정관념은 버리고
아이의 눈으로.

꽃길

아이가 꽃길만 걸으면 좋겠습니다. 아이의 인생길은 봄 향기 가득한 꽃들이 펼쳐져 있으면 해요. 한 걸음 내딛을 때마다 향긋한 꽃내음을 맡으며 행복한 일만 가득했으면 해요. 앞으로 나아가는 길엔 가시 하나 없는 탄탄대로였으면 하고요. 장밋빛 설렘을 한가득 품고 해바라기처럼 환한 기쁨을 입가에 지으며 밝게 빛나는 꽃길을 걸으면 좋겠어요.

하지만 애석하게도 우리는 알고 있습니다. 아이 앞에는 꽃길만 있지 않으리라는 것을요. 우리의 인생길이 그러했듯 아이들은 울퉁불퉁한 돌멩이가 흩어져 있는 자갈길, 한번 빠지면 헤어 나오기 힘든 진창길, 뾰족뾰족 위험한 가시밭길을 만나게 될 거예요. 아이는 고른 길을 가다가도 돌부리에 걸려 넘어질 수 있어요. 찐득찐득한 진흙탕에 점점 빨려 들어가 곤란해지거나 날카로운 가시투성이에 상처를 입게 될 거예요. 그때마다 무릎에 피가 맺히고, 엉덩방아를 찧고, 가슴이 찢어질 듯 아픈 시련이 찾아오겠죠.

아이가 험난한 길을 걸어갈 때 실패를 두려워하지 않고 주저앉지 않았으면 해요. 고난과 역경을 털어내고 일어서길 바랍니다. 인내심과 끈기를 가지고 장애물을 쳐내며 전진했으면 해요. 절망으로 물들지 않고 힘찬 발걸음을 내딛길 바랍니다.

괴테는 말했습니다.
"고통이 남기고 간 뒤를 보라! 고난이 지나면 반드시 기쁨이 스며든다."
고난의 길을 간다는 것은 꽃길로 가는 길을 알게 된다는 뜻입니다. 빛나는 영광은 쓰디쓴 역경 속에서 꽃피워집니다. 아이 앞

의 돌부리, 가시들은 마음을 견고하게 담금질할 거예요. 괴로움의 시기를 지나며 지혜를 배우리라 믿어요. 아이가 기꺼이 자갈길, 진창길, 가시밭길을 걷길 바랍니다.

부푼 가슴으로 환희에 가득 차
꽃길을 걸을 수 있도록.

자기주도
학습

자기주도 학습이 열풍입니다. 공부를 잘하고 입시에 성공하려면 자기주도 학습은 필수라고 해요. (고등학교 교실을 보니 뼈저리게 느끼며 동의합니다.) 입시는 먼 얘기지만 초등학생들도 자기주도 학습을 위해 매일 공부하며 습관을 들인다고 합니다.

저도 그런 학부모 중 하나예요. 아이가 초2가 되고부터 자기주도 학습을 위해 공부 습관을 잡고 있습니다. 매일 주어진 분량을 공부하고 엄마에게 검사를 맡아요. 지금 제 아이가 하고 있는 공부, 자기주도 학습 맞나요?

아닙니다, 엄마주도 공부예요. 자기주도 학습 시킨답시고 엄마 주도로 하고 있어요. 마찰이 아예 없다면 거짓말입니다. 공부가 너무 싫다고 한 적도 많아요. 그럴 때마다 공부 분량을 줄이고 당근도 주며 꾸역꾸역 이어왔어요. 덕분에 지금은 마땅히 해야 하는 것으로 알고 정해둔 양의 공부를 하고 있습니다.

초등 때는 시험도 없고, 무조건 뛰어놀아야 하는 거 아닌가요? 때 되고 철 들면 공부하는 거 아닌가요? 네, 때 되면 철 드는 아이들 더러 있습니다. 아뿔싸! 마침 중학교 올라가 마음먹고 공부하려는데 초등 과정에 구멍이 송송 뚫려 있다면요? 점점 어려워지는 교육과정 속 초등 때 적기를 놓치면 중, 고등 수업시간이 괴로워요. 수업 내용은 무슨 말인지 모르겠는데 하루 5시간 이상을 앉아 있어야 하거든요.

철 들어서 하는 자기주도 학습도 기초가 잡혀 있어야 할 수 있어요. 기둥 없이 지붕을 올릴 수 없듯 공부도 기본이 탄탄하게 다져져 있어야 해요. 초등 땐 학습 공백만 없게 만들어주자고요. 교실에서 엎드려 자는 아이가 되지 않고, 눈이 반짝하며 선생님, 친구들과 교감할 수 있는 아이가 될 수 있도록 말이에요. 딱 그 정도면 됩니다.

초등 공부가 고등까지 가는 거 아닙니다. 하지만 초등 공부 습관은 고등까지 갈 수 있어요. 아직 스스로 행동 결정이 미숙한 아이들에게 엄마가 양치 습관을 만들어준 것처럼 공부 습관도 잡아주자고요. 아이들 양치질하기 얼마나 싫어하던가요? 그래도 꼭 해야 하는 거잖아요. 다만, 양치 습관 잡겠다고 칫솔질을 과하게 하지 않았을 거예요. 과하게 칫솔을 짓누르면 잇몸이 다 치니까요. 시간도 횟수도 적당히 했을 거예요.

공부 습관도 매한가지입니다. 대한민국에서 학교를 다닐 거라면 건강한 공부 습관을 잡아보세요. 너무 세지 않게, 알맞은 시간으로. 엄마가 주도한 공부 습관은 아이가 자라며 양치질을 혼자 하듯 주도적으로 바뀔 확률이 높습니다.

자기주도 학습의 목표는 '누구보다 빨리, 누구보다 많이'가 아니라 공부에 공백 없이 가는 것입니다. 우리 아이가 교실에서 주인공은 못 되더라도 소외되지 않았으면 해요. 그깟 공부, 내

가 쥐고 흔들지는 못하더라도 포기하지 않았으면 해요. 공부가
제일 쉬웠다고 하잖아요.

아이의 창창한 인생길에서 학교공부는
가장 만만한 일이었으면 해요.

큰 그림의
함정

남편은 매일 저녁 8시에 퇴근합니다. 미안하지만 아이의 공부
습관을 잡기 위해서는 남편이 없는 게 차라리 편해요. 이런저런
잔소리를 듣지 않아도 되니까요. 저녁 7시부터 8시까지는 아이
의 공부시간입니다. 그 날도 아이는 수학문제를 풀고 있었어요.
남편이 다른 때와 달리 7시 반쯤 퇴근을 해서 문을 열고 들어왔
어요. 제가 오른손 검지를 제 입에 갖다 대며 "쉿, 아들 공부하
고 있으니까 조용히 해."라고 조심스럽게 말했어요. 남편은 쥐
죽은 듯 살금살금 들어왔습니다.

잠시 뒤, 남편은 안방으로 들어와 저에게 한마디하더군요.

"지금 뭐하는 거야? 뭐가 중요한지 몰라? 공부가 뭐라고 아빠가 들어왔는데 자식한테 인사도 안 하게 만들어!"

순간, 머리를 한 대 맞은 느낌이었어요.

'내가 잠깐 어떻게 됐나 봐. 이건 아닌데…'

당장 아들을 불러내어 아빠에게 인사를 시켰습니다.

남편은 늘 말합니다.

"난 자식들에게 내가 막걸리 한잔 먹자고 할 때 바로 달려오는 어른으로 키우고 싶어. 대학을 나오든 안 나오든 상관없어."

공부 습관 만들겠다고 아이를 공부 괴물로 만들려고 한 건 아닌지 반성했습니다. 따끔하게 뼈를 때려준 남편에게 고마웠습니다.

학교에서도 성적에만 매달려 친구도, 선생님도 안중에 없는 아이들이 있습니다. 점수에 들어가는 활동만 열심히 하고, 내신에 상관이 없는 활동은 내팽개치는 아이. 입시에 필요한 과목 담당 선생님들께는 싹싹하지만, 이득이 없다고 생각되는 과목 담당

선생님들께는 인사도 하지 않는 아이. 점수를 위해서라면 엄마가 대신해서 무단 지각도 질병 지각으로 만드는 아이….

공부가 뭐라고, 제가 우리 아이를 그렇게 키울 뻔했지 뭐예요.

공부 습관 잘 들이면 좋죠. 이왕이면 우등생이면 더욱 좋고요. 누구나 부러워할 법한 일류대학을 나와 대기업까지 간다면 더할 나위 없습니다. 하지만, 공부만 잘하는 기계로 만들지 말아요. 아이들은 컴퓨터가 아니라 심장이 두근거리는 사람입니다. 부모님, 선생님, 친구들의 눈을 보고 마음을 느끼는 사람이 되어야 해요. 유명 기업의 CEO가 되어도 부모님의 환갑잔치에는 부모님의 최애 트로트 곡을 멋들어지게 부를 수 있어야 하지 않을까요?

뻔한 말이지만 놓치기 쉬운 명언이 있어요.

"'공부' 보다 중요한 건 '인성'입니다."

해리포터가
뭐라고

엄마표 영어를 시작하며 동경의 장면이 있었어요. 아이가 『해리포터』 원서를 거침없이 읽는 것. 저의 20대 시절 붐을 일으키며 남녀노소 읽었던 그 해리포터를 저도 밤이 새는 줄 모르고 푹 빠져서 읽었어요. 내 아이가 해리포터를 한국어도 아닌 영어로 읽는다고? '익스펙토 페트로눔!' 해리를 흉내 내며 마법 주문을 외치고 다닌다고? 누가 뭐래도 저에게 이 책은 '엄마표 영어의 꽃'이자 '엄마표 영어의 종착역'이에요. 정작 엄마는 원서로는 결코 한 쪽도 읽지 못하지만 아이는 시리즈별로 술술 읽는 날이 올 거라 기대하고 있어요.

그래서일까요? 어느 집 아이가 원서를 손에 쥐고만 있어도 'Harry Potter' 글자만 툭 튀어 나와 매직아이처럼 선명하게 보였어요. 1년 전 이제 막 챕터북을 시작하던 아이가 해리포터를 읽는대요. 6개월 전만 해도 제 아이보다 낮은 단계의 책을 읽던 친구의 엄마가 해리포터 음원이 있냐고 물었어요. 오 마이 갓! 벌써 해리포터를 읽는다고? 우리 집 해리포터는 책장 구석에 박혀 있는데? (언젠가 읽히려고 미리 구비해놨어요.)

"아들아, 해리포터 읽어 볼래?"
친구들 얘기는 쏙 빼고 아들에게 권유해봤어요.
"아니요. 해리포터는 안 읽고 싶어요."
왜 읽어야 하냐는 식으로 어리둥절하게 대답하는 아이. 읽을 수 없으니 안 읽는 것은 당연한 걸요. 그 이후로도 수십 번을 물었을 거예요. 뭔 집착인지 다른 또래 아이가 읽는다니 조급했었나 봐요. 제 아이도 읽어야 한다는 생각이 들었나 봅니다. 옆집 아이와 비교하며 욕심을 부렸네요. 아이의 속도와 취향은 무시하고 '해리포터'가 뭐라고 자꾸 들이댔어요.

세계에서 가장 많이 팔린 소설일지언정 모든 아이가 호그와트에 가는 열차를 탈 필요는 없어요. 머글이어도 괜찮아요. 마법사가 되라고 강요하지 말아야 해요. 아이가 읽을 책은 널리고 널렸잖아요. 옆집 아이 말고 '나의 아이'를 봐야죠.

지금 나의 아이가 웃으며 읽는 책이
최고의 베스트셀러입니다.

엄마의
바람

제 아이가 이런 사람이 되었으면 합니다.

높은 꿈을 가지고 정진하는 사람.

요행을 바라지 않고 노력하는 사람.

성공에 겸손하고 뽐내지 않는 사람.

과거를 돌아보며 자신을 닦는 사람.

정정당당한 실패에 관대하고 두려워하지 않는 사람.

군중에 휩쓸리지 않고 자신을 잃지 않는 사람.

시련이 와도 다시 일어날 수 있는 사람.

욕망과 집착에 굴복하지 않는 사람.

맑은 눈으로 세상을 낙천적으로 바라보는 사람.

열린 귀로 다른 사람의 조언에 경청하는 사람.

넓은 발로 세상의 무대를 두려워하지 않는 사람.

따뜻한 손으로 나눔을 실천하는 사람.

온유한 얼굴에 너그러운 성품이 묻어나는 사람.

뜨거운 가슴으로 목표에 열정을 불태우는 사람.

지식보다 지혜의 힘을 믿는 사람.

당당한 걸음걸이가 몸에 배어 있는 사람.

바른 가치를 알고 말과 행동으로 옮기는 사람.

좋아하는 일을 하며 행복을 느끼는 사람.

변화와 도전에 용기가 있는 사람.

시간의 소중함을 알고 순간을 엄숙히 살아가는 사람.

소박하고 당연한 것에 감사함을 느끼는 사람.

아름다운 말로 사랑을 표현할 수 있는 사람.

풀꽃 하나에도 자연의 경이로움을 느낄 수 있는 사람.

경쾌한 유머로 인생을 즐길 수 있는 사람.

자신을 사랑하는 사람.

자신을 인정하는 사람.

자신을 귀하게 여기는 사람.

자신을 소중히 여기는 사람.

그중에서도 제일은

자신을 믿는 사람이 되었으면 합니다.

아이의
꿈

학교에서는 으레 아이들에게 꿈이 무엇이냐고 물어요. 몇 년 전만 해도 학교생활기록부에는 '진로희망란'이 있었습니다. 부모가 바라는 진로와 아이가 바라는 진로를 적어야 했는데, 대개 직업으로 쓰도록 권장했어요.

아이들이 희망하는 진로를 조사하다 보면 다양한 반응이 나와요. '나의 진로희망'에 '부모님이 바라는 직업'이라고 쓴 아이가 있는 반면 '부모의 진로희망'에 '아이가 바라는 직업'이라고 쓴 부모가 있습니다. 부모가 아이의 꿈에 대해 어떻게 얘기해주느나에 따라 아이들은 꿈에 대한 영역과 포부가 달라집니다. 이제 막 초등학생이 된 아이가 "전 이 다음에 특목고에 간 후 서울대에 들어갈 거예요."라고 말하는 걸 본 적이 있어요. 이 아이는 특목고며 서울대며 그런 정보를 어디서 얻었을까요? 의심의 여지없이 부모님 입에서 흘러나왔을 거예요. 설마하니 아이 스스로 그런 입시 정보를 알게 되었으리라 생각되진 않아요.

최근 학교생활기록부에는 '부모의 진로희망'을 적는 칸이 아예 사라졌습니다. 희망 진로를 기록하는 것도 의무가 아닌 선생님의 재량으로 바뀌었어요. 작가, 의사, 과학자 등 직업명이 아니라 문학 분야, 과학 분야, 미술 분야와 같이 직업 분야로 쓰도록 하고 있어요. 심지어 꿈을 찾지 못한 아이는 쓰지 않아도 됩니다.

아이들에게 꿈을 강요하지 말았으면 해요. 엄마의 꿈이 아이의 꿈이라 착각하지 않았으면 해요. 아이의 꿈을 만들어줄 수 있다고 생각하지 말았으면 해요. 엄마의 잣대로 아이의 꿈을 재지 않았으면 해요.

직업에는 의사, 변호사만 있는 게 아닙니다. 성적대로가 아닌 적성대로 꿈을 찾아야 해요. 아이들은 꿈을 찾고 있는 중입니다. 좋아하고 잘하는 것을 발견하는 과정입니다. 아이들이 왜 그 꿈을 꾸게 되었는지 생각을 읽어야 해요. 하늘을 날고 싶다는 아이를 땅으로 잡아끌지 말아요. 하늘 높이 연을 날려보게 하고, 몸을 실어 패러글라이딩을 하도록 밀어주고, 구름 속으로 비행기를 타고 모험하게 하세요. 떨어지더라도 광활한 하늘을 비상할 수 있는 기회를 주세요.

부모가 꾸는 아이의 꿈은 허상일 뿐이에요. 아이의 꿈은 아이가 직접 꾸어야 현실로 이루어질 수 있습니다. 순수한 마음에 하고 싶다는 것이 있다면 성심껏 지지해주세요. 아이의 의견을 존중하며 든든하게 뒤에 있어주세요.

아이의 꿈은
엄마의 응원 속에 자라납니다.

아이의
자화상

렘브란트Rembrandt Harmenszoon van Rijn, 반 고흐Vincent van Gogh 등
많은 화가들은 자신의 형상을 화폭에 담았습니다.
렘브란트는 평생 100여점의 자화상을 그렸습니다. 젊은 시절
명성을 떠안았을 때부터 몰락의 길을 걷게 된 노년까지, 어두운
배경 안에 밝게 그려진 자신의 얼굴에는 인생의 희노애락이 고
스란히 드리워져 있습니다. 젊은 시절의 호화로운 옷을 걸친 자
화상은 생명력 있고 당당한 패기가 돋보입니다. 노년에는 파산
신고를 하고 가족을 잃으며 고독한 삶을 살았어요. 이가 빠지고
주름이 깊이 패인 자신의 얼굴을 처연하게 그려냈습니다.

자화상하면 반 고흐도 빼놓을 수 없습니다. 반 고흐는 짧은 생을 살았지만 30여점의 자화상을 남겼어요. 반 고흐의 자화상엔 물감 덩어리를 짓이겨 뭉개서 소용돌이치는 것 같은 붓 터치가 보입니다. 사실적 얼굴보다 혼란스러운 내면이 그대로 묘사되어 있어요. 정신 질환을 앓으며 생레미 정신요양원에 입원했던 반 고흐. 그의 자화상에 담긴 강렬한 색채와 붓놀림은 그림을 그리고자 하는 의지뿐 아니라 자신의 온전하지 못한 정신을 반영한 것일 수도요.

자화상은 자신을 모델로 재현하는 것 이상의 가치가 있어요. 자신을 발견하고 내면을 표현하는 그림입니다. 자화상은 영어로 'self-portrait'라고 하는데, 'portrait'의 근원인 'portray'는 '끄집어내다, 발견하다'의 뜻인 라틴어 'protrahere'라는 말에서 유래되었어요. 자화상은 자아라는 말의 'self'와 'portray'가 합쳐져 '자기 자신을 끄집어내다, 발견하다'라고 해석할 수 있어요.

즉, 자화상은 '나는 누구인가?'의 물음에 대한 대답입니다. 자신의 내면을 극명하게 시각적으로 표현한 산물이에요. 화가들은 자신의 삶을 반추하며 자화상을 그렸습니다. 자화상을 그리며 내 안의 나를 마주하고 정체성을 찾아가는 여정을 걸었어요. 그리고 미래의 꿈을 그려나갔습니다.

아이가 커가며 자신만의 자화상을 완성해갔으면 해요. 그림이든, 음악이든, 글이든, 춤이든 자신만의 색깔로 거울에 비친 자신의 모습을 그렸으면 합니다. 겉모습만이 아닌 속모습을 발견하길 바랍니다. 할 수 있다면 자주 자화상을 그리며 자신의 내면을 직시하고 마주하길 바라요.

나는 누구인가?
나는 무엇을 좋아하는가?
나는 무엇을 잘하는가?
나는 언제 행복한가?
나의 꿈은 무엇인가?
나는 어떻게 살 것인가?
나는 어디로 갈 것인가?

'나'에 대한 물음에 스스로 답을 찾고
삶의 방향을 그려나가길 바라요.

엄마의
큰 그림 그리기
팁

● 엄마가 큰 그림을 그려야 하는 이유

엄마는 아이가 커가며 기대감에 부풀게 마련입니다. 공부에 대한 욕심이 생기고 아이의 성공을 꿈꾸게 되지요. 대학까지 가는 로드맵을 마련해 페이스메이커를 자청하며 아이와 함께 달릴 준비를 합니다. 하지만 아이의 길에 필요한 교육의 본질은 쉽사리 잊고 말지요.

교육은 지식과 기술을 가르치며 인격을 길러주는 활동입니다. 학교에서 주어진 지식을 습득하는 것에서 나아가 한 사람으로서 어떤 품격을 가지게 되는 것까지가 교육입니다. 단순히 똑똑한 사람으로 성장하는 것이 아니라 자신을 살피고 존재 가치를 찾아가는 과정이 있어야 진정한 교육이라고 할 수 있습니다.

그렇기에 교육의 중심에 있는 엄마의 역할은 절대적입니다. 교육의 뿌리는 학교가 아니라 가정입니다. 학교에서는 대부분 시험을 위한 지식을 배우지만 아이의 인품, 인격, 사람 됨됨이는 거의 가정에서 이루어지기 때문이에요.

자신에 대한 올바른 가치관을 가지고 인격적으로 품위 있는 사람이 될 수 있게 도와주는 게 부모의 소임입니다. 아이마다 열매의 향과 크기는 다릅니다. 아시다시피 작든 크든 세상에 존재하는 모든 열매는 저마다 가치가 있어요. 엄마의 열매인 아이들도 마찬가지입니다. 세상에서 가장 값비싼 열매가 아니라 자신만의 빛깔을 내는 열매가 되게 해주세요. 온화한 햇볕과 같은 따뜻한 사랑으로 아이 교육의 큰 그림을 그려보세요.

● 내 아이 교육의 가치관 세우기

지금부터 아이 교육의 큰 그림을 그려보겠습니다. 아이가 엄마품에서 독립하여 성인이 되어 있을 때를 상상해보세요. 어떤 모습일까요?

사회적으로 명성을 얻는 것, 돈을 많이 버는 것도 물론 성공적인 아이의 미래입니다. 성공의 잣대는 사람마다 다르겠지만 아인슈타인은 '성공한 사람이 아니라 가치 있는 사람이 되기 위해 힘써라.'라고 했습니다. 소위 성공한 사람들 중 내면이 단단하지 못해 세상의 지탄을 받는 일을 종종 보게 됩니다. 번쩍번쩍한 금메달을 목에 걸고 있어도 자기 안의 금광을 발견하지 못하면 빈껍데기만 있는 성공일 거예요. 아이의 큰 그림은 아이가 자신의 가치를 소중히 여기고 스스로에게 떳떳한 사람이 된 모습으로 그려져야 합니다.

아이가 이룰 직업, 사회적 지위, 경제 상황이 아닌 자아개념, 성격, 태도, 가치관, 사고방식, 생활양식, 신념에 대해 큰 그림을 그리세요. 예를 들면 아이가 삶을 바라보는 눈은 어떤지, 문제 상황에 부딪히면 어떻게 해결하는지, 목표에 대해 어떠한 태도를 갖는지, 실패에 어떻게 대처하는지, 다른 사람들과 어떤 식으로 관계를 맺는지, 자기 자신을 어떻게 판단하는지 살펴보고 방향을 잡아보세요.

다음의 예시를 보고 엄마가 가장 가치를 두고 있는 아이 교육의 목표를 구상해보세요. 엄마의 교육관에 따라 자존감, 책임감, 자신감, 성실, 경청, 양심, 배려, 정직, 회복 탄력성 등 다양한 가치를 그려볼 수 있을 거예요. 내 아이가 어떤 가치를 마음에 품고 자라길 바라는지에 대해 문장으로 써보세요.

♡ 제 아이가 이런 사람이 되었으면 합니다. (예시)

- 온유한 얼굴로 너그러운 성품이 묻어나는 사람
- 뜨거운 가슴으로 목표에 열정을 불태우는 사람
- 지식보다 지혜의 힘을 믿는 사람
- 좋아하는 일을 하며 행복을 느끼는 사람
- 바른 가치를 알고 말과 행동으로 옮기는 사람
- 경쾌한 유머로 인생을 즐길 수 있는 사람
- 소박하고 당연한 것에 감사함을 느끼는 사람
- 자신을 사랑하는 사람

♡ ◯◯ (이)가 이런 사람이 되었으면 합니다.

_____

_____

_____

_____

● 아이의 자화상 그리기

초3인 제 아이는 아직도 산타클로스를 믿고 있습니다. 산타클로스는 CCTV가 있는 것도 아닌데 어린이들을 지켜보고 있는지, 어떻게 하룻밤에 전 세계 아이들에게 선물을 배달하는지 궁금해 합니다. 아이들은 순수합니다. 꾸밈이 없어요. 아이들의 말투, 표정에는 기분, 감정이 여실히 드러납니다. 어른들처럼 하얀 거짓말조차 하지 못하니까요.

이번에는 아이에게 지금의 자화상을 그려보도록 하세요. 가장 인상 깊었던 날, 가장 즐거웠던 날, 가장 행복했던 날 자신의 모습을 담도록 제안해보세요. 가족과 함께 바닷가에 간 날, 기대하던 선물을 받은 날, 아빠와 함께 야구를 한 날 등의 장면을 떠올리며 행복한 표정을 그릴 거예요. 아이의 숨김없는 자화상을 관찰하세요. 솔직한 표정이 담긴 아이의 그림을 보고 앞서 적었던 '제 아이가 이런 사람이 되었으면 합니다'의 항목을 다시 한 번 읽어봅니다.

엄마가 바라는 대로 삶을 긍정적으로 바라보고 있나요? 엄마가 바라는 대로 소소한 것에 감사하고 있나요? 엄마가 바라는 대로 넘어져도 다시 일어나고 있나요? 아이의 그림에서 답을 찾길 바랍니다. '내가 잘하고 있구나.' 안심하며 그림 속 표정에서 아이의 행복을 발견했으면 해요. 10년 후, 20년 후에도 아이의 자화상을 감상하면서 엄마의 뿌듯한 미소가 입가에 그려지길 바랍니다.

사랑하는 아이의 행복을 바라는 건 모든 부모가 같은 마음일 거예요. 아이에게 열심히 공부하라는 것도 아이의 행복한 미래를 위함이죠. 그렇지만 아이 교육이 절대로 엄마의 대리만족이 되어서는 안 됩니다. 아이가 배움을 즐겁게 생각하고 원하는 삶을 살도록 해야 해요. 나무를 보지 말고 숲을 보는 교육을 실천하세요. 큰 그림을 그리며 불안을 떨치세요. 아이의 행복을 위해 기꺼이 교육의 본질을 중심에 두세요. 엄마의 손이 아닌 아이 스스로 행복을 찾는 사람으로 성장할 수 있도록 말이에요.

엄마가 바라는 아이의 모습을 그려보세요.
아이가 생각하는 자신의 자화상과 비교해보세요.

흔들리지 않는
엄마의 교육관 그리기

부모와
학부모

부모가 되었습니다.

아이가 건강하게만 태어나게 해달라고 기도했어요. 손가락 다섯 개, 발가락 다섯 개를 이미 초음파로 봤건만 태어나자마자 잘 붙어 있는지 똑똑히 확인했습니다. 숨은 고르게 쉬는지, 눈은 제대로 깜빡이는지, 젖은 잘 먹는지, 똥은 잘 싸는지, 잠은 잘 자는지 그것 말고 걱정이 없었어요.

아이에게 방글방글 웃어주고 사랑한다는 고백을 수백 번도 넘게 했죠. 그저 존재만으로도 감사할 따름이었으니까요.

학부모가 되었습니다.

당연하게 밥은 잘 먹고 다닙니다. 수업시간엔 바른 태도로 임하는지, 구구단은 외웠는지, 독서 감상문은 잘 썼는지, 수학 문제집은 제대로 풀어 놨는지, 영어 책은 오늘 분량만큼 읽었는지가 궁금합니다. 아이가 문제를 잘못 읽고 오답을 쓰면 가슴이 답답합니다. 수십 번을 반복한 구구단 8단인데도 자꾸 틀리면 매서운 눈총을 발사합니다. 공부하라는 고함만 수백 번도 넘게 쳐요. 그건 학부모로서 당연히 해야 하는 역할이니까요.

'학'을 떼었으면 합니다, '학부모'에서요. '부모'에서 '학부모'로 두 얼굴의 엄마가 되었다면 한 글자 떼어버리자고요. 아이에게는 학부모가 아니라 부모가 필요하니까요. 국, 영, 수보다 인생 공부가 우선이니까요.

'부모는 멀리 보라 하고, 학부모는 앞만 보라 합니다.'

'부모는 함께 가라 하고, 학부모는 앞서가라 합니다.'

몇 해 전 TV에서 나왔던 공익광고예요. 아이에겐 따뜻한 지지자로서의 부모가 필요해요. 부모와 학부모 사이의 저울질에서 부모 쪽으로 기울어져야 합니다.

세상 걱정 없이 엄마 품에서 따뜻함을 느낀 아기, 존재만으로
찬란했던 아기의 모습을 기억하세요. 그리고 학부모가 아닌 처
음 부모가 되었던 순간을 떠올리세요.

지금도 아이들은 학생 이전에
우리의 소중한 아기니까요.

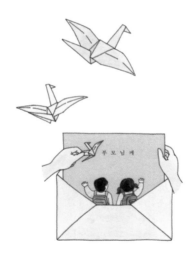

오늘의
아이

직장인들에게는 '워라밸Work-life balance'이라는 말이 있어요. 일과 삶의 균형이라는 뜻으로 업무에 치여 사는 어른들에게 일과 개인의 삶을 균형 있게 찾으라는 의미로 쓰입니다.

우리 아이들에게는 '스라밸Study and life balance'이 있습니다! 공부와 삶의 균형이라고 해석됩니다. 지금 아이의 스라밸, 잘 지켜지고 있나요?

초등학생인데도 밤 10시까지 학원을 뱅뱅 돌고 있는 아이들을 심심치 않게 봅니다. 하루에 한 시간도 실컷 뛰어놀 수 없이 빡

빡한 스케줄에 허덕이는 아이들이 다반사예요. 아이들은 대한
민국에서 성공하려면 누구나 겪는 과정이라며 체념한 채 하루
하루를 살고 있어요. 초등학생들에게 우울증이라는 말이 더 이
상 어색하지 않아요.

무슨 부귀영화를 누린다고 아이들은 이렇게도 바쁘게 살아야
할까요? 불투명한 앞날을 위해 아이의 오늘이 희생당하고 있는
건 아닐까요?

보장되어 있지 않은 미래 때문에 현재를 놓치지 않았으면 해요.
어제, 오늘, 내일이 다르게 크는 아이들입니다. 미래에 아이의
행복한 모습을 상상하는 것보다 지금 이 순간 아이의 내면을 바
라봐주세요.

아이들이 지금의 낭만을 알았으면 해요. 목청껏 노래 부르고 리
듬에 맞춰 춤을 추면서요. 아이들이 순간의 즐거움을 느꼈으면
해요. 자지러지게 웃고 신나게 먹으면서요. 거리낌없이 지금의
자유를 표현했으면 해요. 형형색색 개성을 드러내고 발랄하게
상상하며.

아이가 원한다고 마냥 놀자는 건 아니고요. 아이의 스라밸을 찾아줍시다. 현재와 미래의 균형을 적당히 잡아보아요. 아이가 '오늘 하루 행복했다.'며 뿌듯하게 잠들면 그만입니다. 오늘의 기쁨을 느끼고 성실함을 함께 쌓으면 행복한 미래도 자연스럽게 그려질 거예요.

확인해보세요. 미래를 향해 달리며 현재의 소중한 풍경을 지나치고 있는 건 아닌지, 축 처진 어깨로 들어온 아이가 회색빛의 오늘을 그린 건 아닌지.

다시 돌아오지 않을 지금 이 순간의
보석 같은 아이의 빛을 놓치지 말아요.

난간 같은
부모

스카이워크 위를 걸어보셨나요? 높은 건물 바닥을 유리로 만들어 하늘 위를 걷는 기분을 느끼게 하는 환상적인 시설물이죠. 한 걸음씩 내딛으며 아찔한 느낌으로 발밑의 경관을 감상할 수 있어요.

저는 딱 한 번 스카이워크를 걸어봤습니다. 호주 멜버른에 '유레카 스카이덱 88'이라는 곳이 있어요. 호주까지 갔는데 남들다 가는 유명하다는 데는 가봐야 하잖아요. 멋모르고 88층 꼭대기에 올라갔죠. 바닥이 뻥 뚫려 있는 듯 발을 디디면 추락할 것 같았어요. 그제야 제가 고소공포증이 있다는 것을 알았어요. 스카이워크 위를 걷긴 걸었습니다. 유리판 밑을 지지하고 있는 철근의 위만 디디면서 말이죠. 손에 땀이 나게 난간을 꼭 붙잡고요. 난간이 없었다면 심장이 멎어버렸을 거예요. 그 이후론 그 어떤 스카이워크도 가지 않습니다.

시댁은 오래된 단독주택이에요. 2층짜리 건물인데 시댁에서 하룻밤 자려면 단단한 마음의 준비가 필요합니다. 남편과 저는 보통 2층에서 잠을 자요. 그런데 2층으로 올라가는 외부 계단이 본의 아니게 스카이워크를 방불케 합니다. 철판 계단에 구멍이 송송 뚫려 아래가 훤히 보여요. 다행히 난간이 있어 꼭 붙들고 한 계단 한 계단 올라갑니다. 난간이 없었다면 남편 손이라도 잡고 올라갔을 거예요.

높은 곳을 오를 때는 난간이 필요합니다. 붙잡을 데가 없다면 불안해서 한라산에도 올라갈 용기가 나지 않았을 거예요. 한강 다리를 건널 때에도 든든한 난간이 있어 마음이 놓입니다.

아이들 인생에도 난간 같은 존재가 필요하다는 생각을 했어요. 용기가 필요할 때 붙들고 의지할 수 있는 곳, 두려움이 앞설 때 손을 내밀 수 있는 곳, 떨어지려 할 때 바로 휘잡을 수 있는 곳. 난간 같은 부모가 되었으면 해요.

일찍이 니체는 『인간적인 너무나 인간적인』에서 '인생을 살아갈 때의 난간'이라는 제목 아래 다음과 같이 말했습니다.
'난간처럼 부모, 교사, 친구는 우리에게 보호받고 있다는 안도감과 안정감을 안겨준다.'
아이에게 스카이워크를 걸어보라고 하기 전에, 높은 산을 오르라고 밀기 전에 엄마가 먼저 든든한 난간이 되어줍시다.

매 순간 마음 편히 용기 있는 발걸음을
내딛을 수 있도록 말이에요.

SNS 속
진실

SNS를 하고 있습니다. 저와 아이의 일상에 대해 공개적으로 글을 쓰고 있어요. 처음 목적은 순간의 소중함을 기록하기 위함이었어요. 블로그나 인스타로 경제적 수익까지 내려고 하는 사람들이야 전략적으로 글을 쓰고 올린다지만 제 의도는 순수했습니다. 하나둘 친구들이 늘어났습니다. 제 글에 공감의 하트를 날려주고 따뜻한 칭찬의 댓글이 달렸어요. 보는 눈이 많아지니 글을 올릴 때 자기 검열이 시작됩니다.

인스타그램 안에서 저는 세상 우아하고 기품 있는 엄마입니다.

나긋나긋한 말투로 말하며 아이에게 잔소리하는 법은 없고요. 바다같이 넓은 마음으로 아이를 이해해요. 쇼팽을 들으며 아이가 좋아하는 쿠키를 함께 굽습니다. 평소엔 책을 손에서 놓지 않고 고상하게 그림도 그려요. 아이 공부는 얼마나 똑소리나게 잘 챙기는데요? 지성과 교양이 흘러넘치는 엄마예요.

블로그 안에서 제 아이는 세상 부러운 엄친아입니다. 부모의 말에 순종적이고 규칙을 잘 지킵니다. 엄마가 지시하지 않아도 공부는 스스로 하고요. 책 읽는 모습은 일상이고 신문을 즐겨 읽어요. 친절한 말투로 동생을 배려하고 아껴줘요. 여가시간엔 게임이 아닌 기타를 연주한다니 얼마나 훌륭해요? 성격, 공부머리 어느 하나 빠지지 않는 훌륭한 아이예요.

이쯤되면 검열에서 삭제된 모습이 궁금하시죠?
살짝 공개하겠습니다.

공부는 제대로 하고 있는 거 맞느냐며 잔소리하는 엄마, 영어책은 성실하게 읽고 있는지 의심의 눈초리를 쏘는 엄마, 쿠키 하나 만들며 온 주방을 어질러놓는다고 야단치는 엄마, 엄마 그림 그리는데 방해하지 말라며 윽박지르는 엄마, 학교 숙제와 준비물도 스스로 못 챙긴다고 구박하는 엄마입니다. 하지만 짜증과 분노가 보이는 장면은 어김없이 삭제입니다.

현실 속 아이는요, 툴툴거리며 엄마에게 대드는 아이, 공부는 왜 하는 거냐며 불만을 토로하는 아이, 엄마가 시켜서 꾸역꾸역 수학 문제집을 푸는 아이, 멍때리며 10분이 넘어도 책장이 넘어가지 않는 아이, 동생 인형을 몰래 숨겨두고 시비 거는 아이, 유튜브에서 기타 강좌를 본다더니 몰래 게임 영상을 보는 아이입니다. 열등과 무기력이 보이는 모습은 꼭꼭 숨겨둡니다.

연예인들도 셀카 하나 올리려면 수백 장을 찍어 제일 예쁘게 나온 한 장을 올린다고 하잖아요. SNS에서 보이는 세상이 전부라고 생각하지 말아요. 민낯을 가리고 한껏 꾸민 베스트 컷을 올렸다 생각하세요. 세상에 완벽한 엄마, 완벽한 아이는 없습니다. 인스타 속 엄마 보며 책망 말아요. 블로그 속 아이 보며 부러워 말아요. 내 아이에게 필요한 정보만 쏙 빼면 그뿐입니다.

주변의 일상에 혹하는 시간에
별빛 같은 내 아이 눈을
더 오래 바라봐주세요.

엄마의
걱정

둘째는 낳지 않으려고 했어요. 제가 걱정이 많은 편이거든요. 아이 하나 키우면서도 온갖 걱정에 잠을 설치는 날이 많았어요. 혹시라도 장애를 가지고 태어나면 어쩌나, 아토피가 있으면 안 되는데, 어린이집에서 학대를 당하진 않을까, 뜨거운 물에 데어 큰 화상이라도 입으면 어떡하나, 별의별 걱정에 둘째는 생각조차 힘들었습니다. 하지만 생명력 강한 둘째의 탄생으로 걱정은 두 배, 아니 열 배로 늘었어요. 걱정을 달고 삽니다. 제 걱정 빼고 아이 걱정만 해도 하루가 갑니다.

그 와중에 첫째 아이가 학교를 가니 매일이 걱정투성이네요. 티셔츠는 앞뒤 제대로 입고 가는지, 양치는 구석구석 제대로 하는지, 학교 앞 횡단보도는 안전하게 건너는지, 수업 시간에 선생님 말씀에 집중하며 잘 듣는지, 친구들에게 막말을 하진 않는지, 복도에서 위험하게 노는 건 아닌지, 혹시라도 학교 폭력의 피해자가 되는 건 아닌지, 수업은 제대로 따라가는지, 급식에 나온 채소 반찬은 잘 먹는지, 화장실에서 뒤처리는 잘하는지…. 끝이 없는 걱정입니다.

알 수 없는 미래의 일에 대해 걱정하는 건 당연합니다. 나의 일도 아닌, 여린 아이들의 일이니 더욱 신경이 쓰여요.

심리학자 어니 J. 젤린스키Ernie J. Zelinski는 저서 『느리게 사는 즐거움』에서 이렇게 말했습니다.

"걱정하는 일 중 40%는 일어나지 않는다. 30%는 이미 지나가 버렸다. 22%는 신경 쓰지 않아도 될 사소한 것이고, 4%는 어차피 바꿀 수 없는 것이다. 4%가 실제로 조치를 취할 수 있는 것이다. 이것을 보면 우리가 걱정하는 일 중 96%는 걱정할 필요가 없거나, 걱정해도 소용없는 것들이다."

뉴스에서 연일 들려오는 어린이집 아동학대, 학교폭력, 학교 앞 교통사고, 코로나 감염, 청소년 자살 문제 등은 우리를 불안하게 만듭니다. 학원이나 온라인 동영상을 보면 자극적인 홍보로 내 아이만 뒤처진 것 같아 걱정이 앞섭니다.

물론 걱정은 자연스러운 거예요. 적당한 걱정은 경각심을 주며 우리를 보호해줍니다. 차를 타면 습관적으로 안전벨트를 매고 안전을 보장 받듯 건강한 걱정은 아이의 안녕을 지키는 데 도움이 되지요. 다만 불필요한 걱정을 없앨 수 없는 게 걱정입니다.

이제, 저에게 충고합니다. 일어나지 않은 일에 꼬리에 꼬리를 문 걱정으로 마음을 병들게 하지 말자! 암울한 색으로 미래를 예측하지 말자! 96%는 하나 마나 한 걱정이라니 걱정이 불안이 되지 않도록 하자!

걱정 좀 작작하자! 응?

최후의
만찬

반 모임이라는 걸 처음 가봤습니다. 초1 엄마들이 공원 앞 호프
집에 모였어요. 테라스 카페마냥 바깥으로 열려 있는 호프집이
라 아이들은 공원에서 뛰어놀았어요. 엄마들은 테이블 몇 개를
붙여 나란히 앉았어요. 저 포함 13명이 모였습니다. 간단하게
누구 엄마인지 소개하고 본격적인 수다가 시작되었어요.

학교 이야기, 담임선생님 뒷담화를 거쳐 아이들 공부 이야기로
꽃을 피웠습니다. 사고력 수학, 코딩 학원, 원어민 어학원, 논술
학원, 피아노 학원, 태권도 학원…. 열심히 학원 이야기를 듣고
있으니 귀가 팔랑팔랑했어요.

'내 아이만 집에서 놀고 있는 건가?'

'사고력 수학 학원을 보내야 하나?'

엄마들이랑 치킨에 맥주나 한잔 먹고 오려던 저의 마음은 갈 길 잃은 사람처럼 혼란스러운 상태였어요. 멀리서 뛰고 있는 아이들 속에서 제 아이를 찾고 나니 정신이 번쩍 들더군요.

그날의 만찬은 명화 〈최후의 만찬〉을 떠올리게 했습니다. 〈최후의 만찬〉은 예수가 죽기 전날 열두 제자들과 저녁 식사를 한 장면을 레오나르도 다빈치Leonardo da Vinci가 밀라노의 한 성당에 그려놓은 벽화입니다. "오늘 밤 너희 가운데 한 명이 나를 배반할 것이다."라는 예수의 말에 열두 제자의 반응이 극적으로 표현되어 있어요.

종교적인 내용을 떠나 이 그림을 한눈에 보면 시선이 곧바로 예수의 머리에 머물게 됩니다. 이유는 원근법의 중심인 소실점을 그곳에 두었기 때문이에요. 그림의 소재인 식탁, 인물들뿐 아니라 배경의 건물, 창문, 지평선의 연장선을 이어 그리면 하나의 중심점, 예수의 얼굴에 모입니다. 주변의 구불거리는 인물의 형태든 곧은 직선의 형태든 결국 한가운데, 예수에 중심이 있습니다. 예수의 모습은 삼각형 구도와 침착한 표정으로 평정심이 드러납니다. 반면 열두 제자의 얼굴에는 예수의 충격적인 말에 대한 놀람, 걱정, 두려움, 의심이 가득한 반응이 적나라하게 표현되어 있어요. 반 모임 할 때 저는 예수의 자리이고 싶었습니다. 레오나르도 다빈치가 의도적으로 중심에 두었던 가장 중요한 존재.

엄마의 그림 속에서 나는 어디에 위치해 있나요? 엄마들의 만찬 속에서 전체를 관망하고 시선이 멈추어야 할 곳은 '나'여야 합니다.
'뭐라고? 코딩학원도 다녀야 한다고?'
'늦었네. 영어는 초등 때 끝내야 한다니.'
'그 학원에 대해 더 알고 싶은데, 저 엄마는 아는 게 있나?'
불안에 떠는 열두 제자가 되지 말아요.

저의 첫 번째 반 모임은 최후의 만찬이 되었습니다. 그날 이후 더 이상 반 모임을 나가지 않았으니까요. 그때 깨달았어요. 제가 정가운데에서 중심을 잡아야 한다는 것을요. 온화한 표정으로, 고요한 마음을 잃지 않는 모습으로. 주변의 말에 갈팡질팡하고 이리저리 눈길이 가더라도 중심에서 큰 그림을 보세요.

수많은 엄마들 사이에서 내 그림의 소실점은
언제나 '나'에게 두어야 합니다.

인생
극장

"그래! 결심했어!"

빠밤 빠 바밤 빠 바밤 빠 빰빠바밤~ 익숙한 멜로디가 들려옵니다. 1990년대 〈일요일 일요일 밤에〉라는 코미디 프로그램이 있었어요. 그 안에 '이휘재의 인생극장' 코너가 있습니다. 어떤 문제를 주고 주인공의 선택에 따라 벌어지는 이후 상황을 인생 A와 인생 B로 재미있게 풀어낸 콩트였어요.

'500원을 가지고 복권을 산다 vs 할머니를 도와준다', '나를 좋아하는 사람과 결혼한다 vs 내가 좋아하는 사람과 결혼한다', '주운 돈 가방, 돌려줄까? vs 그냥 가질까?' 등. '짜장면이

냐 짬뽕이냐?'처럼 단순한 문제부터 '문과냐 이과냐?'처럼 중대한 문제까지 프로그램을 보면서 선택의 갈림길 중 무엇을 택할지를 함께 고민했습니다.

인생은 인생극장처럼 선택의 연속입니다. 나의 선택에 따라 인생이 A부터 Z까지 달라지니까요. 아이 키우는 것도 그렇지 않을까요? 모유를 먹일지 분유를 먹일지, 국산 소고기를 살지 호주산 소고기를 살지, 엄마의 고민과 선택은 뫼비우스의 띠처럼 영원합니다.

자, 이제 인생극장의 주인공이 되어 다음 문제의 답을 선택해볼까요?

1. 교육의 목적
    ☐   아이의 행복이 우선이다.
    ☐   아이의 입시가 우선이다.
2. 생활비
    ☐   일부를 아이의 학원비로 먼저 쓰겠다.

☐ 일부를 부부의 노후를 위해 먼저 투자하겠다.

3. 거주

☐ 무리를 해서라도 학군이 좋은 곳에서 살겠다.

☐ 경제 상황에 맞는 집에서 살겠다.

4. 학원

☐ 소형학원이라도 아이에게 맞춰주는 학원을 선택하겠다.

☐ 커리큘럼과 시스템이 잘 갖추어진 대형학원을 선택하겠다.

5. 주말

☐ 주말엔 무조건 놀아야 한다.

☐ 주말엔 부족한 공부를 더 해야 한다.

6. 공부 분위기

☐ 공부 잘하는 아이들이 모여 있으면 내 아이도 공부를 잘할 것 같다.

☐ 공부 잘하는 아이는 공부 분위기에 구애받지 않고 어디서든 잘한다.

7. 준비물

☐ 초등 아이 준비물은 스스로 챙기게 하겠다.

☐ 초등 아이 준비물은 엄마가 챙겨주겠다.

8. 책

☐ 필독 도서를 먼저 읽히겠다.

☐ 아이가 좋아하는 도서를 먼저 읽히겠다.

9. 꿈

☐ 아이가 원하는 직업을 존중한다.

☐ 사람들이 좋아하는 직업을 추천한다.

10. 아이의 길

☐ 아이의 길은 엄마가 선택해주겠다.

☐ 아이의 길은 아이가 선택하게 하겠다.

인생에 정답이 없듯이 교육에도 정답은 없습니다.

각자의 인생관에 따라 인생극장이 꾸며지듯 부모의 교육관에

따라 아이의 인생 무대가 펼쳐집니다.

우리는 어떤 선택을 할까요?

'그래! 결심했어!'

진주
찾기

혹시 진주를 발견한 적이 있나요? 지금 정보의 바다 속을 헤매고 있지 않나요? 망망대해를 표류하다 못해 바다 속까지 들어가 우왕좌왕 돌을 들춰보고 있지 않나요? 저는 이 우주 같이 넓은 정보의 바다가 무섭습니다.

유튜브에 '초등공부'라고 치면 제가 의도하지 않았는데 관련 영상들이 주르륵 떠요. 저도 모르게 이리저리 뒤지며 헤집고 다녀요. 정보가 넘쳐나는 세상입니다. 인터넷, 유튜브, 인스타그램…. 손가락만 클릭하면 아이 교육에 관련된 자료들이 지천에

널렸어요. 하나하나 살펴보면 보석 같은 정보들이고 모두 '옳으신 말씀'이에요.

아는 것이 병이라고 자꾸 들으니 해야 할 게 많아집니다. 다른 아이들은 모두 하는 걸 내 아이만 안 하면 손해보는 거 아닐까요? 또래 아이들에겐 이 정도는 기본이라는데 꼭 해야 하는 거 아닐까요? (기본이라는 항목이 너무 많은 게 함정!)

열정에 불타오르는 열혈 엄마들 쫓다 만신창이가 되겠어요. 박사보다 더 똑똑한 엄마들 흉내 내다 머리가 깨질 것 같아요. 슈퍼우먼만큼 날아다니는 엄마들 따라가다 가랑이가 찢어지겠어요. 차라리 바다 속에 들어가지 말 것을.

하지만 어떡해요? 이왕 정보의 바다 속에 잠수했다면 진주를 찾아봐야죠. 진흙 속에 있는 진주라 찾기 어려울 테지만 아이에게 딱 어울리는 정보만 찾아봅시다.

내 아이의 내면을 단단하게 해줄 수 있는 정보, 내 아이의 생각

을 풍부하게 해줄 수 있는 정보, 내 아이의 재능을 발휘하게 해
줄 수 있는 정보, 내 아이의 장점을 꽃피우게 해줄 수 있는 정보,
내 아이의 약점을 보완해줄 수 있는 정보….
내 아이에게 가장 어울리고 내 아이를 더욱 빛나게 해줄 진주를
찾아보세요.

제발 정보의 바다에서
눈물바다가 흐르지 않기를.

완벽하게
그리기

엄마가 되어 욕심이 많아졌어요. 아이는 완벽했으면 좋겠습니다. 굳은 의지로 자기 확신은 단단했으면 해요. 흐트러짐 없는 성격으로 주변에 휩쓸리지 않고요. 맑고 순수한 마음은 간직했으면 해요. 그뿐인가요. 8등신의 호리호리한 몸, 수려한 얼굴이었으면 하고요. 좀 더 솔직하게 말하면, 공부를 잘해서 일류대학에 가면 좋겠어요. 누구나 부러워할 만한 직업으로 돈도 많이 벌면 더 좋겠고요. 기부도 펑펑하며 이웃에게 베푸는 넓은 마음은 필수죠.

제 자신은 부족함이 많지만 아이만큼은 완벽한 비너스로 그리고 싶습니다. 숭고한 아름다움의 절정, 이상적인 미의 전형 비너스. 고대 그리스의 플라톤이 말한 이데아일까요? 최고의 아름다움을 그리고 싶어요. 아이의 비너스엔 없는 팔이라도 그려주고 싶습니다. 없는 능력이라도 만들어주고 싶어요.

이런 아이, 현실에는 없겠지요? 결국 비너스도 현실 세계에 존재하지 않은 형상이었으니까요. 이데아 세계를 모방한 미메시스일 뿐이었어요. 완벽함을 꿈꾸는 사람의 욕심을 나타낸 조형물이었죠. 어쩌면 팔이 없는 지금의 비너스는 더 인간적으로 보입니다.

미술사학자들은 망실된 팔에 대해 다양한 추측을 내놓았어요. 전체 근육의 움직임과 방향에 따라 두 손을 뻗어 거울을 들고 있거나, 왼손은 사과를 들어 쭉 내밀고 오른팔은 배에 얹어 두었다고 추정합니다. 하지만 이러한 과학적 추측에도 없는 팔을 복원하지 않았어요. 불완전한 상태의 비너스는 그 자체로도 아름답기 때문이에요. 보는 사람으로 하여금 상상력을 일으키고

저마다의 미를 발견하게 합니다.

사람은 완전하지 않기에 아름답습니다. 엄마가 비너스처럼 완벽하지 않듯 아이들도 불완전합니다. 인위적으로 팔을 재생시킨 비너스는 보기에 좋을지 모르겠지만 진짜 아름다움은 아닙니다. 없으면 없는 대로 그려지는 비너스는 그 자체로 신비로운 아름다움이 있어요. 이상은 이상일 뿐, 아이의 없는 능력을 탓하고 완벽하게 그리지 않도록 다짐합니다.

아이들은 존재만으로도
비너스 이상의 아름다움을 가지고 있으니까요.

엄마의
무기

• 엄마가 장착해야 할 무기

따뜻한 밥과 정성스런 반찬

아이를 절로 웃게 만드는 미소

사색하는 아이로 자라게 하는 질문

진정성 있는 행동을 실천하는 몸가짐

아이의 가치를 세상에서 제일 높게 인정해주는 말

어둠 속에서도 희망의 별을 보는 눈빛

아무리 바빠도 아이와 대화하는 매일의 시간

아이와 함께 1시간은 거뜬히 뛸 수 있는 건강한 몸
악몽에 시달리는 아이가 한달음에 달려와 안길 수 있는 품
아낌없이 표현하는 사랑

- 엄마가 장착해야 할 방패

엄마의 욕심을 아이에게 부리지 않는 절제
아이를 향한 무시와 비난의 총알도 기꺼이 막아주는 용기
아이가 유해한 유혹에 흔들리지 않게 가로막는 손
영악한 상술에 넘어가지 않는 뚝심
아이에 대한 집착을 막을 수 있는 체념
온갖 잘난 아이들 속에서도 내 아이만 보겠다는 곧은 마음
조급함을 막고 아이 교육의 속도를 조절할 수 있는 여유
아이의 틀린 시험 문제에도 눈감을 수 있는 대범함
답답함에 맞서 아이의 생각을 기다려줄 수 있는 인내심

예측할 수 없는 아이의 앞날을 그리며
엄마부터 주섬주섬 내면의 무기를 장착합니다.

학생과
손님

저는 친절한 선생님입니다. 학교에서 학생들에게 얼마나 부드럽게 말하는지 몰라요. 상냥한 말투와 몸가짐은 기본입니다. 매일 아침 학생의 어떤 면을 칭찬할까 벼르고 교실에 들어가요.

공부는 좀 못하지만 친구들에게 인기 있는 아이에겐 "우리 소영이는 친구가 어려울 때 잘 도와주더라."라고 칭찬을 합니다. 그림은 좀 못 그리지만 열심히 수업에 임하는 아이에겐 "와, 샘은 이런 생각 못 했는데, 정말 독창적인 아이디어네."라고 격려를 해줘요. 시험을 보고 채점 후 눈물을 흘리고 있는 아이에겐 "이번 시험이 전부는 아니잖아. 다음엔 잘 할 수 있어."라고 용기를 줍니다. 친구 관계로 학교생활이 엉망인 아이에겐 "네 잘 못이 아니야. 진정한 친구는 다시 오게 되어 있어."라고 위로를 해줘요.

성적을 더 올려야 한다 다그치지 않는 대신 노력의 힘을 말해줍니다. 세상은 혼자 사는 것이 아닌 다른 사람과 더불어 사는 삶이라 일러줍니다. 돈 잘 버는 직업을 가지는 것보다 하고 싶은 걸 찾으라고 조언합니다. 규칙은 꼭 지켜야 하고 남에게 피해 주는 일은 해서는 안 된다고 단호하게 말합니다. 공부는 능력껏 하는 것이지만 예의는 점수를 막론하고 누구나 장착해야 한다고 강조합니다.

학생이 명문대에 가고 좋은 직업을 가지면 뿌듯하겠지만 저의 수고라고 생각하지 않아요. 학생들은 잠시 제 곁에 있다가 떠나는 손님이거든요. 저는 학생들의 삶을 좌지우지할 수 없고 어차피 열쇠는 학생들이 쥐고 있으니까요. 선생님이라는 자리에서 학생들이 엇나가지 않게 지켜줄 뿐입니다. 어른이 되어가는 과정에 도리를 알려주고 사회에 나가는 길에 응원과 격려를 해줄 뿐.

이제 내 아이를 학생처럼 대하려 합니다. 친절하고 상냥하게 대하겠습니다. 불필요한 잔소리도 줄이고요. 단점보다 장점을 찾아 칭찬하겠습니다. 인간의 도리와 예의를 가르쳐주고요. 인격과 노력의 가치를 알려줄 거예요. 독립된 인격체로 아이를 존중하고 엄마의 집착, 욕망, 간섭은 버리겠습니다.

가수 이적의 어머니이자 여성학자 박혜란 님은 저서 『아이를 다시 키운다면』에서 '아이를 손님처럼' 대하라고 말합니다. 귀한 손님에게는 화내지 않고, 있는 동안 잘 대접하고, 어떻게 잘 모시다가 떠나보낼까 궁리를 하듯 말이에요. 손님은 언젠가 떠날 사람이기에 잔소리를 할 이유가 없고 화낼 일도 없어요. 다만, 떠날 때까지 잘 모시면 그 손님은 떠난 뒤에도 고마움을 느끼고 스스로 찾아옵니다.

서글프지만 어쩌겠어요? 나의 아이는 나의 소유물이 아닌 걸요. 잠시 내 교실에 머무는 학생, 잠시 내 집에 머무는 손님인 걸요. 엄마는 그저 친절한 선생님으로, 상냥한 사랑방 주인으로 마음을 다할 뿐입니다. 그렇게 아이를 담담하게 대해봅니다.

20년 동안 잘 쉬고 편안히 있다 가거라.
생각나면 다시 들르고.

진짜
로드맵

교육 좀 시킨다 하는 동네에는 아이가 세 살이 된 이후부터 로드맵이 따로 있다고 합니다. 영어 유치원을 목표로 세 살에 놀이학교를 가고 네 살, 늦어도 다섯 살까지는 한글을 떼야 합니다. 다섯 살에는 입학시험을 통과해야만 영어 유치원에 들어갈 수 있고요. 영어 유치원을 졸업한 후에는 사고력 수학 학원은 필수로 다닌다고 하네요. 초등학교에 들어가면 학원에서 정해준 새로운 로드맵에 따라 움직입니다. 초6 때까지 수능 영어 문제는 풀 수 있는 실력을 완성해야 하고요, 중학 수학 선행도 필수입니다. 고등학교, 대학교 졸업 후까지 아이의 청사진은 빼곡하게 그려져 있습니다.

무엇을 위해 아이들은 이토록 쉴 새 없이 달리고 있나요? 누구를 위한 로드맵인가요? 이 로드맵대로 달려 도착한 곳은 어디일까요?

엄마는 아이의 여정에 지도라도 하나 쥐어줘야 마음이 편합니다. 지름길을 알려주는 로드맵은 보물 지도나 다름없어요. 아이가 그 길로만 간다면 금은보화를 발견할 수 있을 것 같거든요. 하지만 운전대를 잡은 건 엄마가 아니라 아이입니다. 아이가 로드맵대로 따라와주지 않는다고 속상해 말아요. 아이가 목적지까지 속도를 못 낸다고 아이를 탓하지 말아요. 아이가 지도에서 경로를 이탈한다면 다른 길을 찾아보세요. 로드맵이 먼저인가요? 운전사가 먼저인가요?

로드맵에 아이를 맞추지 말아요. 길을 찾는 건 아이의 몫입니다. 아이가 안개 속을 헤매도 어둑어둑한 터널을 지나도 자신의 속도대로 자신이 원하는 방향으로 가야 해요. 조금 천천히 가도 괜찮아요. 조금 돌아가도 괜찮아요. 조금 헤매도 괜찮아요. 조금 다른 길로 가도 괜찮아요.

오늘도 열심히 달려 곤히 잠든 아이에게 물어보세요.
"좋은 꿈꾸고 있니?"

자연의
섭리

선생님이 되어 중학생과 고등학생들을 가르쳤어요. 중1부터 고3까지 아이들을 보면 내 아이의 미래가 보입니다. 키, 몸무게, 발 사이즈, 손아귀 힘, 말투, 글쓰기 실력 등 모든 면에서 나이별로 쑥쑥 크는 게 한눈에 그려져요.

중학교 교실에는 초등학교 교실과 달리 담임선생님이 상주해 있지 않아요. 담임선생님은 조·종례 시간에만 교실에 들어가고 교과 선생님들이 시간표에 맞추어 교실에서 아이들과 수업을 합니다.

중1 담임일 때였어요. 쉬는 시간마다 아이들이 하나둘 교무실로 다급히 달려옵니다. 교실에 불이라도 난 줄 알았어요.

"선생님, 쉬는 시간에 사탕 먹어도 돼요?"

"선생님, 지훈이가 국어시간에 준비물 안 가져와서 혼났어요."

"선생님, 제 실내화가 없어졌어요."

"선생님, 저 체육복 안 가져왔는데 어떡해요?"

여학생, 남학생 할 거 없이 교실 안이 그려질 정도로 속속들이 얘기합니다. (남학생이 더 많은 건 안 비밀입니다.) 허락을 받고 싶은 것도 무궁무진하고 일러야 할 것도 넘쳐납니다. 첫 3월은 정신이 하나도 없더라고요. 줄곧 중2, 중3만 보다가 이런 꼬맹이들을 봤으니, '초등학교 교실은 이런 모습이겠구나.' 생각이 들었어요.

꼬맹이 같던 중1 학생들도 2학기가 되면 교무실에 거의 오지 않아요. 자잘한 친구의 잘못은 조용히 눈감아줍니다. 없어진 물건은 친구들을 동원해 금방 찾아냅니다. 체육복은 알아서 옆 반에서 빌리든 체육선생님과 협상을 하지요.

그렇게 하루가 다르게 아이들은 자랍니다. 중3은 능구렁이가

다 되는걸요. 고등학생은 말해 뭐하겠어요. 선생님이 없어도 맡은 구역 청소는 구석구석 깨끗하게 해놓고요, 선생님 없는 틈을 타 몰래 스마트폰 게임도 하고 화장도 귀신같이 합니다. 말하지 않아도 다들 알아서 스스로 살아가요.

초등학교 교실에 선생님이 함께 있는 이유를 알겠습니다. 아이들에겐 아직 선생님 손이, 엄마 손이 필요해요. 초등 아이가 "엄마, 수학 학습지 몇 쪽 해요?"라고 묻는 건 당연해요. 아직은 엄마의 결재가 떨어져야 마음이 놓이는 아이들입니다. 그러니 지금 스스로 할 수 있는 게 하나도 없다고 걱정 마세요. 머리가 크고 때가 되면 다 합니다. 고등 아이가 "엄마, 영어 단어 몇 개 외워요?"라고 물으면 끔찍하지 않나요?

자연스럽게 두자고요. 나무 하나가 자라나듯. 초등 아이들은 이제 막 땅 속에서 싹을 틔우려는 시기입니다. 아직은 세상 밖이 두려워요. 따뜻한 엄마 토양에서 꿈틀꿈틀 새순이 돋을 준비를 해요. 사춘기에 접어들며 아이는 바깥세상의 햇볕을 맞으며 엄마 품을 조금씩 떠납니다. 새파란 이파리는 인생의 봄을 알립니다. 진짜 아이 인생의 시작이지요. 뿌리는 엄마에게 있지만 아이는 점점 자랄 거예요. 가고 싶은 곳까지 가지를 뻗고 하고 싶은 대로 새를 불러오고 열매도 맺고. 그렇게 인생 나무는 이치대로 무럭무럭 클 거예요.

아이의 성장은 자연의 섭리입니다. 아직 싹도 안 난 아이한테 빨리 자라라고 담뿍 물을 주면 싹이 나기도 전에 썩어버립니다. 파릇파릇 올라온 새싹 아이에게 엄마 말대로 하라고 당기면 꽃도 피우지 못하고 열매도 맺지 못합니다. 엄마는 그저 아이가 든든한 뿌리를 내릴 수 있는 비옥한 토양이 되어주세요.

'우리 아기 잘 크고 있구나.' 믿어주는 마음으로,
'쓰러져도 잡고 있을게.' 지지하는 마음으로.

인생관

대학 졸업반에 취업을 위해 자기소개서를 작성했어요. 자기소개서 작성을 위한 족집게 교재도 열심히 보고 선배들의 조언을 들으며 작성을 하는데도 맨 마지막 칸에 '인생관'에 대한 대답은 쉽게 적을 수 없었어요. 23년의 짧은 인생을 돌아보며 앞으로 살아갈 삶에 대해 곰곰 생각했죠.

'나는 어떻게 살고 싶은가?'

'나는 무엇에 가치를 두고 살고 있는가?'

그때 자기소개서의 '인생관'에 적은 문구는 지금도 저를 단단히 살게 해주는 인생관이 되었습니다.

'높은 꿈, 깊은 생각, 넓은 마음'

유치원에서 자녀교육관에 대해 써오라는 가정통신문을 받았어요. 아이가 어떻게 자라면 좋을지 고민에 빠졌습니다. 그런데 제 인생관과 크게 다르지 않더라고요. 아이가 '높은 꿈, 깊은 생각, 넓은 마음'을 가진 사람으로 자랐으면 좋겠다고 적었습니다.

아이가 높은 꿈을 가졌으면 해요. 자신의 능력을 믿고 도전하는 사람이길 바랍니다. 막연하게 꿈만 가진 사람이 아닌 노력으로 무장하고 행동으로 뛰어가는 사람으로 자라길요. 동네 개울물보다 태평양에서 놀 수 있는 배포가 있었으면 해요. (아이가 영어로부터 자유롭고 좋은 언어 습관을 가지기를 강조하는 이유이기도 해요.)

아이가 깊은 생각을 가졌으면 해요. 색안경을 끼고 하나의 관점으로 세상을 보지 않고, '왜?'라는 질문을 거리낌없이 하길 바라요. 공부는 왜 하는 것인지, 사람은 왜 사는 것인지에 대해 고찰하며 인생의 참된 지혜를 배우길 바랍니다. (아이에게 독서, 글쓰기, 놀이를 강조하는 이유이기도 해요.)

아이가 넓은 마음을 가졌으면 해요. 도덕적 원칙 안에 다른 사람의 말을 포용하는 사람이 되었으면 해요. 상대방의 입장에서 이해하고 배려하는 마음을 갖추길 바라요. 사랑을 베푸는 마음을 늘 가슴속에 품고 있었으면 해요. (아이에게 배려, 존중, 소통을 강조하는 이유이기도 해요.)

부모라면 누구나 소신 있는 교육을 하고 싶어요. 학원을 보내느냐 안 보내느냐가 소신의 기준이 아닙니다. 마음속에 인생에 대한 철학이 있는지 살펴보세요. 부모의 인생관이 곧 자녀교육관으로 이어질 확률이 높거든요. 자신만의 교육관이 바로 서면 결코 크게 휘청대지는 않을 거예요. 살랑살랑 바람에 흔들리긴 해도 뿌리가 뽑힐 일은 없습니다.

정답은 없어요. 하지만 '내 아이만 뒤처질까, 다른 아이에게 끌릴까'로 교육의 방향을 판단하는 건 명백한 오답입니다. 큰 그림을 보고 답을 찾으세요. 잘 자란 아이가 대학 졸업반이 되어 자기소개서를 쓸 때 혜안을 가지고 자신의 '인생관'을 써 내려가길 바라나요?

해답은,

부모의 인생관에 있습니다.

좋은
엄마

육아서에서 그러더라고요.
'일관된 양육태도가 중요하다.'
'화내지 말고 차분하게 말하라.'
네, 잘 알고 있습니다. 원칙을 정했으면 흔들리지 않고 양육을
해야 합니다. 어떤 상황에서도 흥분하지 말고 상황만 말해야 해
요. 부정적인 언어는 가급적 사용하면 안 되고요. 아이가 짜증
을 부릴 땐 아이의 마음을 먼저 헤아려줘야 해요. '나 메시지'로
엄마의 화난 상황을 조곤조곤 얘기해요.

이론은 **빠삭**합니다. 하지만 엄마도 사람인걸요. 성인군자도 아니고 매번 솟아오르는 화를 참을 수는 없어요. 너무나 사랑하는 아이지만 잘못된 행동엔 얼굴부터 사나워집니다. 모성애가 있긴 한 걸까 자책도 됩니다. 감정에 못 이겨 아이에게 분노의 말을 쏟아 붓고 후회를 하죠. 어른으로서 아이에게 못난 모습을 보인 것 같아 미안하기도 하고요.

전 어릴 때 그렇게 많이 혼났습니다. 한 살 아래 연년생 여동생이 있거든요. 시도 때도 없이 매일같이 투닥투닥 했어요. 엄마가 옷가게를 했었는데 우리가 싸우고 있으면 엄마는 옷걸이를 들고 와서 연신 등짝을 때리며 혼을 냈어요. 지금도 옷걸이만 보면 그때 기억이 생생하게 떠올라요.

그렇다고 엄마가 싫었던 건 아니에요. 때 되면 밥 차려주고 항상 깨끗한 옷을 마련해주셨어요. 공부를 강요한 적은 한 번도 없었지만 정직하게 살라는 말은 늘 달고 살았어요. 없는 살림에 하고 싶은 일이 있으면 물심양면으로 지지해주셨고 언니, 저, 동생의 개성과 자율성을 존중해주셨어요. 여자라도 뭐든 할 수 있다고 적극적으로 격려해주었습니다. 단 한 번도 꿈을 강요받은 적은 없었고 결혼 상대자도 저의 선택에 맡긴다고 하셨죠. 무엇보다 '엄마는 나를 사랑하고 있구나.'라는 생각이 들게 해주셨어요. (물론 체벌은 어떤 이유에서도 안 됩니다.)

엄마도 힘이 들어요. 완벽한 엄마가 되지 않아도 돼요. 화내고 후회하지 말아요. 아이에게 크게 미안해하지 말아요. 자신을 자책하지 말아요. 아이를 먼저 생각하는 심지는 변하지 않는 걸요. 그저 아이를 사랑하는 진실한 마음이 아이의 마음에 닿아 있으면 됩니다. 그걸로 충분합니다. 우리는 이미 좋은 엄마예요.

콩나물 하나 키우는 것도 어려운데 하물며 사람을 키우는 거, 누구나 하는 거라고 쉽게 평가할 수 없어요. 엄마는 나라를 다스리는 것 이상 세상에서 가장 고귀하고 고단한 일을 하는 사람입니다. 책대로 연애가 안 되듯 육아서대로 모두 할 필요는 없어요. 아이를 향한 엄마의 사랑만 변치 말아요.

엄마의 진정성을 믿습니다.

● 엄마가 교육의 중심을 잡아야 하는 이유

정보가 넘쳐나는 세상입니다. 아이 교육에 지식뿐 아니라 인성, 독서, 의사 소통 능력, 창의성이 중요하다는 건 교육에 관심 있는 엄마라면 누구나 알 거예요. 하지만 정작 그것을 위해 엄마는 무엇을 준비해주어야 할지 잘 모릅니다. 초등 저학년 때는 예체능을 하고 고학년 때는 수학을 파야 한다고 하니 따라할 뿐입니다. 독서를 위해 논술학원을 다니고 의사 소통 능력을 위해 스피치 강의도 듣게 합니다. 무분별한 정보 속에 많은 아이들이 선택한 길이니 내 아이도 그 대열에 끼워 가면 중간은 할 것 같은 느낌이 듭니다.

하지만 대세에 맞춰 교육을 하는데도 불안한 마음은 사그라들지 않아요. 제대로 가고 있는 건지 자꾸만 두리번거리게 됩니다. 엄마가 이끄는 대로 따라가지 못하면 애먼 아이만 질책하게 됩니다. 엄마의 본심은 그게 아니었는데 더 훌륭한 사람으로 키우겠다는 욕심은 어느새 아이에게 스트레스로 다가옵니다. 엄마도 누구를 위한 선택이었는지 후회가 들지만 과감하게 뿌리칠 수도 없어요.

모두가 흔들립니다. 그렇기에 자녀교육의 확고한 중심이 필요해요. 아이 교육의 기준은 내 아이에게 무엇이 필요한지를 판단하는 데서 시작됩니다. 아이에겐 시간이 유한해요. 부모가 아이 교육에 가장 크게 가치를 두고 싶은 것에 대한 우선순위를 정하세요. 다른 엄마의 교육을 맹목적으로 모방하지 말았으면 해요. 내 아이를 가장 잘 아는 사람은 자신입니다. 나만이 가진 교육 철학으로 자기 생각이 곧은 아이로 자라게 해주세요. 나와 내 아이를 중심에 두고 내 가정의 품격에 맞는 교육관을 정립하세요. 엄마의 줏대 있는 교육은 엄마에게는 안심을, 아이에게는 행복을 가져다줄 거예요.

● 자녀교육관 그리기

1년만 하고 말 것도 아닌 아이의 교육입니다. 태풍이 와서 뒤흔들어 놓을지언정 꺾이지 않는 뚝심 있는 교육관을 만들어봅시다. 앞서 1장에서 '아이 교육의 큰 그림'을 그리면서 내 아이 교육에서 가장 가치를 둔 덕목에 대해 생각해봤습니다. 한 사람의 의견만이 아닌 부모가 함께 교육관을 세워보세요. 엄마는 공부는 때가 있는 거라며 계획을 세워 공부를 시키려 하지만 아빠는 노는 게 중요하다며 공부를 강요하지 말라고 할 수도 있어요. 누가 맞고 틀린 것이 아닙니다. 서로 다름을 인정하고 의견의 간극을 좁혀보세요.

부모가 함께 아이에게 물려주고 싶은 최고의 유산은 무엇인가요? 엄마와 아빠의 가치관을 조화롭게 조율하길 바랍니다. 1장에서 썼던 문장들과 뭉뚱그려 있는 생각을 잘 다듬어 캐치프레이즈처럼 하나의 문장으로 만들어보세요. 그리고 그 문장 아래 아이가 실천하고자 하는 교육의 목표를 세부적으로 세워봅니다. 신앙 교육이 최우선이 될 수도, 예술 교육이 최우선일 수도 있어요. 다만 어느 대학, 어느 직업이 교육의 목표가 되지 않았으면 해요. 내 아이에게 맞는 세부적인 목표를 세우고 실천할 수 있는 항목을 만들어보세요. 현실을 반영해서요.

저도 공교육에 몸담고 있는 현실적인 엄마라서 '공부 대신 자유롭게 놀아라.'라고 하지는 못해요. 이상과 현실의 절충안을 찾고 큰 그림 안에서 아이에게 실천할 수 있는 요소들을 교육하고 있습니다. 아이가 자라며 세부 실천 사항은 달라질 수 있겠지요. 하지만 내 아이 교육의 방향이 변한다면 그건 아이의 적성, 재능 때문이지 옆집 엄마의 입김이 이유는 아닐 거란 건 확실합니다.

다음은 저의 자녀교육관입니다. (물론 정답은 아닙니다. 정답이 있을 수도 없고요.) 여러분의 자녀교육관은 무엇인가요?

♡♡ 자녀교육관의 예시

자녀교육관	높은 꿈, 깊은 생각, 넓은 마음
세부 목표	1. 예의 · 인사를 잘 한다. · 어른을 공경한다. · 남에게 피해를 주지 않는다. 2. 높은 꿈 · 영어, 컴퓨터에 자유로운 아이로 교육한다. · 학교 공부를 기본으로 익힌다. · 매일 습관의 힘을 기른다. · 다양한 직업, 나라를 경험하게 한다. 3. 깊은 생각 · 독서를 생활화한다. · 생각할 수 있는 거리로 대화하고 글을 쓰게 한다. · 자연과 예술을 자주 접하게 한다. · 되도록 스스로 선택하고 결정하게 한다.

4. 넓은 마음 · 남의 말을 먼저 듣도록 한다. · 매일 감사 대화를 한다. · 다달이 기부를 한다.	

※ 여러분의 자녀교육관을 써보세요.

자녀교육관	
세부 목표	

● 엄마의 인생관 그리기

외모뿐 아니라 마음의 아름다움까지 존경 받는 오드리 햅번은 말했습니다.

"어머니로부터 하나의 인생관을 받았습니다. 다른 사람을 우선하지 않는 것은 부끄러운 일이었습니다. 자제심을 잃지 못하는 것도 부끄러운 일이었어요."

이처럼 엄마의 교육관은 자녀의 인생관에 그대로 스며듭니다. 아이에게 인생관이란 삶을 살아가는 방향을 설계하고 생활방식을 결정하는 중요한 이정표가 됩니다. 어떤 인생관을 갖느냐에 따라 행복한 삶을 사느냐 아니냐를 결정할 수도 있어요.

엄마가 흔들리는 눈빛과 마음을 가지고 아이를 대한다면 아이는 어느새 닮은 모습으로 성장해 있을지도 모릅니다. 매사 불안한 갈림길에서 후회와 원망만 할지 몰라요. 반면에 엄마가 긍정적인 인생관으로 삶을 낙관한다면 아이는 암흑 속에서도 세상을 밝게 볼 거예요.

아이가 주체적인 삶을 살 수 있는 인생관을 세울 수 있도록 엄마의 인생관을 보여주세요. 깊은 생각을 가지라고 말하기 전에 엄마부터 책을 읽고 질문을 하고 사색을 할 줄 아는 삶을 살아야 합니다. 인생을 먼저 살아온 선배로서 인생은 어떻게 살면 현명한 것인지, 삶에서 의미 있는 것은 무엇인지, 무엇을 위해 살아야 하는지 생각해보세요. 그리고 몸소 보여주세요.

엄마의 인생관을 먼저 찾는다면 흔들리는 마음이 좀 잠잠해질 겁니다. 누구나 오늘은 처음이기에 흔들립니다. 모두가 서툴러요. 지금 아이 교육의 방향이 잘못되었다면 속도는 무의미합니다. 아이 교육의 올바른 방향은 무엇인지 점검해보세요. 아이 교육에 가장 중요한 사람, 가장 의미 있는 가르침을 중심에 두세요.

어쩌면 흔들리는 마음은 다른 사람과의 비교에서 나오는 게 아닐까요? 내 아이는 옆집 아이와 경쟁하기 위해 태어난 존재가 아니에요. 남다른 가치가 있는 선물입니다. 내 아이의 행복은 남의 집 책상에서가 아닌 우리 집 밥상에서 만들어집니다. 옆집 아이의 스펙을 부러워 말고 내 아이의 마음의 양식을 챙겨주세요. 소신 있는 교육관으로 아이에게 멋지게 살아갈 인생관을 물려주길 바랍니다.

- ## 학부모에서 다시 부모가 되는 법

신생아실에서 제대로 눈도 뜨지 못하던 아이가 생글생글 웃기라도 하면 귀여워서 사진을 마구 찍어댔습니다. 신비로운 매일이었습니다. 휴대폰엔 엄마 사진보다 아이의 사진이 가득했어요. 처음 뒤집기 한 날, 목을 가눈 날, 기기 시작한 날, 걷기 시작한 날 등 고스란히 아이의 성장이 기록되어 있어요. 결정적인 날도 날이지만 그냥 존재만으로도 예뻐서 사진에 담았습니다. 웃어도, 울어도, 졸고 있어도, 짜증내도 아이의 매순간을 놓치고 싶지 않았어요.

아이는 오늘도 그때와 같아요. 사랑이 가득한 존재입니다. 소중한 아이의 오늘을 한 컷 남겨보는 건 어떨까요? 그저 내 아기라는 이유만으로 예뻐했던 나의 눈빛을 떠올리며 오늘의 아이를 바라보세요. 어떤 기대도 원망도 없었던 때처럼 말이에요. 천사같이 잠들어 있는 아이의 모습을 보세요. 아이는 오늘 어떤 꿈을 꾸고 있을까요?

오늘 내 아이의 모습을 그려보세요
존재만으로도 예쁜 아이는
어떤 하루를 보냈을까요?

아이의 마음을
키우는
엄마의 그림

숨은 그림
찾기

초등, 아니 국민 학교 시절 《보물섬》이라는 만화 잡지를 즐겨 보았습니다. 집에서 구독한 건 아니었는데 주산학원에 가면 꼭 챙겨 봤어요. 〈아기공룡 둘리〉, 〈맹꽁이 서당〉, 〈달려라 하니〉가 생각나네요. 뭐니 뭐니 해도 가장 큰 재미는 만화 잡지 뒤편에 있는 숨은 그림 찾기였습니다. 쉬는 시간엔 꼭 친구들과 숨은 그림을 같이 찾았어요. 먼저 찾고 싶어 눈에 불을 밝히고 두리번거렸어요. 교묘하게 그려진 그림 속을 샅샅이 뒤지며 숨겨진 그림을 찾고선 만세를 불렀죠. 그 순간 느꼈던 희열이란. 별거 아니지만 어린 마음에 세상을 다 가진 기분이었어요.

요즘은 아이의 숨은 그림을 찾고 있습니다. 아이의 그림은 배우고 자라면서 점점 복잡해지고 있어요. 음악 수업에서 계이름을 좀 잘 외운다 싶으면 '절대음감인가? 음악에 소질이 있나?' 하는 생각이 들었어요. 엄마 앞에서 자작시를 읽어주는데 '문학 소년인가? 시인이 되려나?'라고 짐작해봅니다. 며칠 전 엄마, 아빠 사진을 찍어줬는데 예사롭지 않은 구도였어요. 혹시 사진작가가 되려나요?

숨은 그림을 놓칠 새라 두 눈 부릅뜨고 보고 있습니다. 아이가 무얼 하며 좋아하는지, 엄마에게 신이 나서 자랑해 보이는 건 어떤 낙서인지, 즐거운 마음으로 보내는 시간은 언제인지, 엄마는 옆에서 열심히 숨은 그림을 찾고 있을 뿐입니다.

만화 잡지 속 숨은 그림 찾기 코너에서 발견한 숨은 그림들은 알고 보면 사소한 것들이었어요. 머리카락 속에 그려진 붓, 창문에 숨겨둔 책, 시계로 둔갑된 북 등. 우리 아이 재능도 그렇지 않을까요? 금방 알아채지는 못하더라도 아이의 행동과 말 속에 아이의 재능은 끊임없이 그려지고 있어요.

숨은 그림을 찾기 힘들다고 엄마가 대신 그림을 그려 넣지는 않

아요. 엄마는 세심한 눈으로 아이의 숨은 재능을 찾아주면 됩
니다.

그림을 그리는 건 아이의 몫,
숨은 그림을 발견해서 '만세!'를 외치는 건
엄마의 몫입니다.

말하는 대로
그리기

새봄이 되어 아이가 작은 화분에 상추 씨앗을 심었습니다. 손바닥만 한 상추를 길러 고기와 쌈을 싸 먹는 게 목표라고 했어요. 정성스럽게 씨앗 위에 흙을 덮어주고 조심조심 물을 주었습니다. 마지막으로 아이가 한 일은 편안한 클래식 음악을 틀어주며 "무럭무럭 자라라."라고 말하는 거였어요.

에모토 마사루의『물은 답을 알고 있다』에서는 물을 통해 말이 가지는 영향력에 대해 흥미로운 실험을 합니다. 저자는 5년간 물에게 긍정의 말과 부정의 말을 각각 들려주며 물 결정체가 어떻게 변하는지 연구했어요. 사랑과 감사의 말을 들었던 물 결정체는 균형 있고 아름다운 육각형을, 짜증과 비난의 말을 들었던 물 결정체는 일그러지고 깨진 형태를 보였습니다. '그렇게 해주세요.'라고 부드럽게 말한 물은 귀여운 꽃 모양의 결정체인 반면 '그렇게 해!'라고 강제성을 띤 말에는 중앙이 어둡고 불규칙한 결정체로 변했습니다.

말의 힘은 몇 해 전 TV에서 흰밥을 가지고 한 실험으로도 보여주었습니다. 유리병 두 개에 각각 흰밥을 넣고 하나는 '고맙습니다'와 하나는 '짜증나!'라는 말을 반복적으로 들려주어 밥이 어떻게 변화되는지 실험을 했어요. 밥에 귀가 달린 것도 아닌데 정말 말의 영향이 있을까 싶었지요. 4주 후 신기하게도 '고맙습니다'라는 말을 들은 밥은 누룩 냄새가 나는 하얀 곰팡이가, '짜증나!'라는 말을 들은 밥은 썩은 냄새가 나는 푸른곰팡이가 생겼습니다. 한 명만 실험을 한 것도 아니고 여러 실험자의 결과가 똑같았습니다.

말도 못하는 물과 밥이지만 긍정의 말은 천사처럼 변하고 부정의 말은 괴물처럼 바뀌었어요. 감정이 있는 것도 아닌데 실험 결과가 희한했습니다.

우리 아이라면요? 감각도 있고 생각도 있는 우리 아이. 다른 무엇보다 더 소중한 생명체. 당연하겠지만 긍정적인 말을 듣고 자라야 합니다. 부정적인 말을 들은 물, 밥도 끔찍하게 변했잖아요. 아이들은 예쁘게 자랐으면 해요. 아이들은 엄마가 말하는 대로 마음의 결정체가 만들어집니다. 엄마도 사람인지라 감정적으로 욱해서 곰팡이 같은 말이 자꾸 나와요. 그럴 땐 한 템포 쉬자고요.

아이에게 긍정 언어를 뿌려주세요. 사랑해, 고마워, 행복해, 멋있어, 예뻐, 좋아, 잘했어, 할 수 있어… 예쁜 말은 무궁무진합니다.

이쯤에서 저희 집 상추가 궁금하지요? 사랑과 정성으로 키운 상추는 아기 손바닥만 해졌습니다. 아이는 날마다 상추를 들여다보며 잘 크고 있다고 격려해주고 있어요. 저도 상추에게 물을 줄 때면 긍정의 메시지를 담으려고 노력해요.

상추든 아이들이든

오늘도 잘 자라고 있어서 고맙습니다.

추억
그리기

저의 초등 시절을 떠올려보면 책상에 앉아 공부했던 모습은 잘 기억나지 않아요. 매일 아이템풀 문제집을 풀고 받아쓰기 시험을 봤던 기억이 있긴 하지만, 제가 꺼내보고 싶은 추억은 아니에요.

딸만 셋인 집에서 둘째 딸로 아빠와 단둘이 남한산성에 올라갔던 일. 어느 냇가로 가족 캠핑을 가서 텐트 안에서 조잘조잘 수다를 떨었던 일. 할머니 댁 근처 논에서 우렁이와 개구리를 잡았던 일. 친척들끼리 모여 어른들 앞에서 소방차 노래를 부르고 장기자랑을 했던 일. 바닷가에서 언니의 다리를 모래로 파묻었던 일. 활발한 성격도 아니었는데 저의 소중한 추억 앨범은 신나게 뛰고 놀고 잡고 먹고 했던 장면입니다.

제 아이가 어른이 되면 어떤 추억을 회상할까 생각해봤어요. 컴퓨터 앞에 앉아 멍하니 자판이나 두드리는 모습? 학원을 뺑뺑 돌며 축 처진 어깨를 하고 집에 오는 모습? 밤늦게까지 책상에 앉아 답답하게 문제집만 보고 있는 모습? 여행을 가서도 가족들이 각자 스마트폰에 몰두하는 모습? 상상만으로도 우울해집니다.

아이들의 어린 시절 앨범은 행복을 순간 포착한 사진으로 채워졌으면 해요. 아빠와 축구장에서 뛰며 슛을 날리는 순간, 찰칵! 갯벌에서 빠져나오려다 진흙탕에 넘어지는 순간, 찰칵! 스노우쿨링은 처음이라며 알록달록 물고기를 보고 놀라는 표정에, 찰칵! 개울 옆에서 모래놀이를 하다 개똥을 만져도 좋아서 하하 웃는 표정에, 찰칵! (제 아이의 실화입니다.)

아이의 기억이 버라이어티했으면 좋겠어요. 배꼽 빠지게 웃을

만큼 재미난 일이 오래오래 남았으면 해요. 특히 아이의 어린 시절 앨범에는 부모가 함께 있었으면 해요. 부모는 사진 속의 조연으로 옆에서 나란히 걷고, 뒤에서 지켜봐주고, 앞에서 말을 걸어주면서.

가끔 제 어린 시절을 생각하면 살짝 미소가 떠오집니다. 지금은 엄두도 내지 못할 텐데 승마 바지를 입고 작은아빠들 앞에서 소방차 춤을 추었다니. 어린 제 모습이 깜찍합니다.

우리 아이도 훗날 오늘의 모습을 떠올리며
왁자지껄한 분위기,
깔깔 웃는 표정,
순수한 마음을 추억했으면 해요.

닮게
그리기

엄마 게가 아들 게에게 말했습니다.

"애야, 넌 왜 그렇게 옆으로 걷는 거니? 똑바로 걸어야지."

그러자 아들 게가 대답했습니다.

"엄마, 어떻게 하는 건지 시범을 보여주세요. 그러면 저도 따라 할게요."

엄마 게는 똑바로 걸으려고 애썼으나 헛수고였습니다. 그래서 어린 아들을 나무란 것이 어리석은 짓이었다는 것을 깨달았습니다. 너무도 유명한 이솝우화의 '어미 게와 아들 게' 이야기입니다.

아이가 책을 좋아하게끔 하고 싶으시죠?
엄마가 독서하는 모습을 보여주세요.

아이가 스마트폰 좀 그만 봤으면 싶으시죠?
엄마가 스마트폰을 내려놓으세요.

아이가 짜증 섞인 말투를 안 했으면 하시죠?
엄마가 다정다감하게 말해주세요.

아이가 예의 바르게 행동하길 바라시죠?
엄마가 아이를 먼저 존중해주세요.

아이가 진실된 사람으로 자라길 바라시죠?
엄마가 앞서 거짓된 모습을 버리세요.

아이가 자존감이 단단하길 바라시죠?
엄마가 아이의 가치를 최우선으로 알아주세요.

아이가 더불어 사는 인생을 살길 바라시죠?

엄마가 비교하고 경쟁하는 마음부터 버리세요.

아이가 생각하는 힘을 가진 아이로 자라길 바라시죠?

엄마가 아이의 생각을 경청하는 것부터 실천하세요.

아이가 행복한 삶을 살기 원하시죠?

엄마가 행복한 모습을 보여주세요.

아이들은 본 대로 배웁니다. 아이들의 눈은 돋보기와 같아서 부모의 행동을 늘 세밀하게 관찰하고 있어요. 엄마는 옆으로 가면서 아이에게 자꾸 앞으로 가라고 말하고 있진 않은지…. 엄마가 본보기가 되어주세요.

아이에게 무언가를 바라기 전에

먼저 자랑스러운 엄마가 되어봅시다.

아이 마음
그리기

학교 교육 과정에서 미술 수업은 일주일에 두 시간 정도예요. 전 일주일에 300명 가까이 되는 아이들의 그림을 봅니다. 담임이 아니고서야 아이들의 속속들이를 다 알 수는 없지만 그림을 보면 아이들의 마음이 보입니다.

주제는 같지만 표현방식은 모두 달라요. 보라색과 무채색으로만 그리는 아이가 있었어요. 만화 캐릭터를 수준급으로 기똥차게 잘 그렸어요. 근데 뭐랄까, 그 아이 그림을 보면 우울한 그림자가 보였어요. 아이는 앞머리를 눈앞까지 가리고 항상 고개를 푹 수그리고 친구도 없이 다녔죠.

선생님이 보는 그림인데도, 성적인 그림을 아무렇지도 않게 그려내는 아이도 있었어요. 내심 불안했는데, 몇 달 뒤 집 근처에서 불미스러운 일로 경찰서에 갔다고 하더라고요.

게임에 빠진 아이들은 무슨 주제가 주어지든 게임과 연관시켜 그리고, 연예인에 빠진 아이들은 어김없이 작품에 연예인을 등장시킵니다. 선이 거칠고 후다닥 작품을 끝내는 아이가 있는 반면 너무 꼼꼼하게 신중을 기해서 제한 시간 내에 완성을 못 하는 아이도 있어요.

전 그림으로 학생들을 기억합니다. 그림을 보면 아이의 성격, 심리, 취미, 관심사를 대부분 파악할 수 있어요. '미술심리상담'이라는 거창한 말을 붙이지 않아도 아이들의 그림은 아이들의 마음입니다.

TV에서도 종종 봤어요. 아이들이나 어른들에게 집, 나무, 사람을 그리게 하며 그 내면의 심리를 파악하는 것을요. 그림을 통해 자아의식, 주변 환경, 정서 상태, 불안 강도 등을 알 수 있어요.

꾸미지 않은 아이들의 그림을 살펴보세요. 무엇을 주로 그리고 낙서하는지, 선은 둥글둥글한지 삐죽삐죽한지, 형태는 크게 그리는지 작게 그리는지, 색은 알록달록한지 차분한지, 공간을 꽉꽉 채웠는지 헐렁헐렁하게 비웠는지.

그림에 별 소질 없는 것 같은 첫째 아들의 요즘 그림은 전자 기타입니다. 화려한 색도 쓰지 않아요. 급한 성격 탓에 꼼꼼하게 그리지는 못해도 전자 기타를 자세히 관찰하고 똑같이 그리고 싶은 마음을 담아 부속품을 하나하나 따라 그려요. 여백도 거의 없이 꽉꽉 채워 그리고, 그림과 함께 록큰롤을 떠올릴 법한 글자도 적어놓습니다.

둘째 딸은 무조건 공주 그림입니다. 핑크색 옷을 입고 화려한 장신구를 한 공주가 도화지의 가운데에 있어요. 자신의 모습은 제일 크게 그리고, 그다음은 엄마를 크게, 아빠는 다음으로, 오빠는 저기 구석 어딘가에 그려져 있네요. 배경으로 구름, 해님은 항상 방긋 웃고 있어요.

아이의 마음은 거짓말을 못 해요. 아이의 마음은 진실을 그립니다. 엄마가 봐도 기분 좋아지는 그림이라면 아이는 밝고 예쁜 마음을 갖고 있으리라 짐작합니다.

학교에서 제가 제일 좋아하는 학생의 그림은 사실적으로 똑같이 그린 그림도 아니고 형태, 구도에 맞추어 완벽하게 그린 그림도 아니에요. 주제에 맞게 자신의 생각을 자유롭게 표현하는 그림, 자신감에 넘쳐 거침이 없는 그림, 정성을 다해 최선을 다한 그림, 보고 있으면 미소가 절로 나는 그림이에요.

아이의 삶도 그림과 같지 않을까요?
주제에 맞게 자신의 생각을 자유롭게 표현하는 삶,
자신감에 넘쳐 거침이 없는 삶,
정성을 다해 최선을 다하는 삶,
보고 있으면 미소가 절로 나는 삶 말이에요.

몸으로
그리기

교육심리학을 공부할 때 '애착'이란 파트가 있었어요. 흥미롭고 다소 충격적이었던 실험이 기억에 남습니다.

위스콘신 대학의 심리학자 해리 할로우Harry Harlow는 '헝겊 엄마, 철사 엄마' 실험을 했습니다. 할로우는 새끼원숭이에게 두 엄마를 제공합니다. 먹을 것을 주지만 철사로 만들어진 인형 엄마와 먹을 것을 주지는 않지만 부드러운 헝겊으로 만들어진 인형 엄마. 먹이를 주는 철사 엄마 곁에 오래 있을 거라는 예상과 달리 새끼원숭이는 먹이를 주지 않는 헝겊 엄마와 많은 시간을 함께 보냈습니다. 철사 엄마에게서 먹이를 먹을 때도 몸은 헝겊 엄마 쪽에 기대어 있고 입만 철사 엄마 쪽으로 내밀어 먹이를 먹었어요. 큰 소리의 공포 자극을 주면 곧바로 헝겊 엄마에게 달려가 안겼어요. 헝겊 엄마를 없애고 철사 엄마만 둔 경우, 극단적 공포상황에도 철사 엄마에게 가지 않고 불안해하며 주변을 돌고 이상행동까지 보였습니다. 낯선 장난감에 대한 반응 실험에서는 헝겊 엄마가 있을 때는 조심스럽게 탐색했지만 철사 엄마와 있을 때는 어떤 반응도 보이지 않았어요.

동물이나 사람이나 마음의 안정을 찾고 싶을 때 피부 접촉을 극대화할 수 있는 행동을 선호한다고 해요. 그냥 접촉이 아니라 '접촉 위안contact comfort'입니다. '헝겊 엄마, 철사 엄마' 실험은 아기가 엄마를 배고픔과 같은 생물학적 욕구가 아니라 스킨십을 하며 안정감을 느끼는 접촉 위안의 상대로 받아들인다는 사실을 증명하는 연구입니다.

밥만 준다고 엄마가 아닙니다. 안아주어야 엄마입니다. 엄마는 마음의 안식처여야 해요. 아이는 엄마의 포근한 품에서 편안함을 느낍니다. 원숭이도 위안을 받아야 낯선 장난감에 손을 댄다니 공부도 엄마의 따뜻한 포옹 안에서 가능한 거예요.

아이를 더 많이 안아주고 더 많이 뽀뽀해주세요. 머리를 쓰담쓰담 만져주고 등을 토닥토닥해주세요. 몸을 부비고 깔깔대며 놀아주세요. 엄마 등을 베개 삼아 누워 노는 것도 좋아요. 뺨과 뺨을 맞대고 손도 꼭 잡아주세요.

그런데, 그거 아시죠? 사춘기에 접어든 아이와 하는 스킨십은 정중하게 아이의 허락을 먼저 받아야 한다는 사실! 엄마 마음대로 이불 들추고 엉덩이 조물조물하면 안 됩니다. 하이파이브만으로도 충분합니다.

얼마 안 남았네요.
그 전에 더 많이 안아주세요.

아이의 눈으로
그리기

아이는 오늘도 생각합니다.

오늘은 뭐하고 놀까?

신나는 일 없을까?

맛있는 거 뭐 먹지?

학교 끝나고 딱지치기 할까?

숙제는 귀찮아.

수학 문제집 빨리 풀고 놀아야지.

공부를 빨리 해야 놀 시간이 많아지지.

친구 불러서 놀아야겠다.

노는 게 최고야!

벌써 집에 가야 한다니, 별로 안 놀았는데….

아, 더 놀고 싶다.

내일은 뭐 하고 놀까?

아이들은 놀기 위해 하루를 삽니다.

아이들의 머릿속엔 놀이뿐입니다.

그래야 아이입니다.

아이는 오늘도 생각합니다.

엄마가 이 세상에서 제일 좋아.

엄마가 좋아하니까 이 정도 공부는 하자.

엄마 말을 잘 들어야 엄마가 나를 좋아해.

엄마한테 칭찬 받고 싶어.

엄마는 뭐 하고 있지?

엄마 어디 있지?

엄마가 좋아하겠지?

엄마가 해준 밥은 다 맛있어.

엄마가 화내면 안 되는데….
엄마의 웃는 모습이 정말 좋아.
엄마가 안아주니까 너무 좋다.
엄마는 역시 나를 좋아해!

아이들은 엄마 때문에 하루를 참아요.
아이들의 머릿속엔 엄마뿐입니다.
그래서 내 아이입니다.

아이는 오늘도 진심을 담아 말합니다.
"엄마, 사랑해요."

예쁜 모습만
그리기

첫째 아이가 다섯 살 때입니다. 유치원 선생님과 상담을 했어요. 선생님은 아이가 활동에 적극적으로 참여하지 않고 무기력하다고 했어요. 아이가 몇몇 친구들하고만 놀아 사회성이 부족하다고 했습니다. 그림 그리는 실력도 좋지 않다고 말했어요.

맞습니다. 제 아이는 좋아하는 활동에만 참여하는 성격이에요. 두루두루 어울려 노는 것보다 소수의 친구들과 어울리는 걸 좋아해요. 그림에 소질 없는 거야 진즉에 눈치챘습니다. 알고 있었지만 아이의 약점을 콕 찌르니 엄마로서 기분이 상했어요.

완벽한 엄마가 없듯이 아이들은 누구나 장단점이 있어요. 아무리 소문난 문제아일지라도 잘하는 게 있어요. 장점에 집중하세요. 아이의 부족한 점을 찾기보다 잘하는 점을 찾으세요. 다른 사람이 내 아이의 단점을 지적하면 속상할 거예요. 아이가 제일 믿는 엄마부터 단점만 찾고 있다면 모순입니다.

혼자가 좋은 아이에게 사회성을 길러주겠다고 축구를 시키고 있진 않나요? 활동적인 아이에게 차분한 성격을 가지라고 바둑을 배우게 하고 있진 않나요? 내성적인 아이에게 발표력을 키워주겠다며 스피치 학원을 보내고 있진 않나요? 아이가 모자란 부분을 채우느라 꾸역꾸역 시간을 보내고 있는 건 아닌지요. 아이가 좋아하는 일, 잘하는 일에 몰입하도록 돕는 게 현명합니다.

저는 운동을 지지리도 못해요. 다행히 제가 운동으로 밥벌이를 하는 것은 아니라서요, 주눅 든 적은 없네요. 가끔 학교 체육대회에서 담임선생님과 반장이 함께 계주를 뛰면 저 때문에 우리 학년이 꼴찌를 해서 미안하지만 괜찮습니다.
저는 그것 말고도 하고 싶고, 잘하는 게 많거든요. 제가 좋아하는 그림을 그리고 아이들 가르치는 일이 즐겁습니다. 어떨 땐 제 자신이 자랑스럽고 꽤 쓸모 있는 사람이라 느껴져요.

어른이 되어보니 그렇지 않나요? 달리기에서 매번 꼴찌를 면치 못해도 내가 잘하는 것에 자신감을 갖고 나답게 살아가는 게 멋있잖아요. 부족한 거 채우며 허송세월 보내느니 좋아하는 일을 신나게 하고 싶습니다.

'그림 좀 못 그리면 어때?', '축구 좀 못해도 괜찮아.' 아이가 쿨하게 자신의 단점을 인정하는 어른으로 자라게 해주세요. 대신 '이건 내가 좀 잘하지!'라고 당당하게 자신의 장점을 뽐내는 사람으로요. 아이의 단점을 열등감으로 만들지 마세요. 아이의 장점을 유능감으로 만들어주세요. 어쩌면 단점이 장점이 될 수도 있습니다.

그날 선생님께 못다 한 말이 있습니다. 제 아이는 관심 있어 하는 놀이에는 푹 빠져서 참여해요. 마음에 맞는 친구와 속 깊은 우정을 나누는 성격이고요. 자유로운 선과 창의적인 아이디어

로 그림을 그려요.

장점을 두루 갖춘

꽤 괜찮은 아이입니다.

아이의
주황색

"여기서 뭐 하고 있어? 아줌마도 너만 한 딸이 있는데….."
곳곳에 얼룩이 가득한 옷에 초췌한 얼굴을 한 아홉 살 아이를
보고 의심쩍은 눈으로 40대 여성이 말을 걸었어요. 배가 고프
다는 아이에게 편의점에 들어가 먹을 것을 사주었습니다. 이런
저런 얘기로 아이를 안심시키고 나니 아이가 부모의 학대에 대
해 말을 꺼냈어요. 아이는 달궈진 프라이팬으로 손발에 화상을
입히는 등 극심한 학대를 일삼는 부모로부터 겨우 도망쳤던 거
예요.

뉴스를 보면 꽃처럼 어린 아이들을 무자비하게 학대하는 기사를 보게 됩니다. 다행스럽게도 아이가 보내는 신호를 주변 어른들이 발견하고 조치를 취할 때면 가슴을 쓸어내려요.

'나 힘들어요.'

'나 아파요.'

'제발 도와주세요.'

아이들은 끊임없이 신호를 보내고 있어요.

어린이집을 잘 가던 아이가 담임선생님이 바뀐 후 문 앞에서 새 담임선생님을 보고 뒷걸음질을 쳤습니다. 가기 싫다고 떼를 썼지만 억지로 들여보냈습니다. 소변 실수한 적이 없던 아이인데 한 달 내내 바지에 쉬를 하고요. 밤에도 몇 번이고 엄마를 찾았어요.

어린이집에서 자기를 놀리는 아이가 있다고 말했는데 허투루 들었어요. 그 아이 때문에 화가 난다고 서너 번은 얘기했는데 흘려버렸습니다. 아이는 쌓아둔 감정이 폭발했고 급기야 주먹질을 했어요. 이후 무의식중에 계속 쿵쿵거리는 증상이 나타났습니다.

제가 이렇게 둔한 엄마입니다. 그냥 잘하고 있겠거니, 투정이겠거니 했어요. 아이는 주황색 불을 깜빡깜빡하며 신호를 보내는 데도 초록색 불인 양 지나치고 말았습니다. 결국 사고가 난 뒤에 땅을 치고 후회했지요.

내 아이, 옆집 아이 할 것 없이 온몸으로 보내는 S.O.S 신호를 알아차립시다. 세심하게 들어주고 관찰하고 대화해요. 몸의 상처와 마음의 상처를 모두 볼 수 있어야 해요. 가려진 아이의 몸과 마음을 세심하게 읽어야 해요.

저는 교사로서 약속합니다. 학생의 상처를 그냥 지나치지 않겠습니다. 이상 행동에 즉각 반응하고 의심하겠습니다. 문제가 생기면 적극적으로 탐문하고 신고하겠습니다. 내 아이라 생각하고 학생의 편에 서서 도와주겠습니다.

저는 엄마로서 다짐합니다. 아이의 불평, 불만, 과민반응에 관심을 기울이겠습니다. 갑작스러운 행동 변화에도 민감하게 반응하겠습니다. 진지하게 듣고 아이 마음에 공감하겠습니다. 아이의 마음과 몸을 위험에서 구조하겠습니다.

안테나를 추켜세우고
아이들의 위험 신호를 감지합시다.
우리는 아이들을 보호해야 할
어른이니까요.

기다림의
미학

반려견을 키울 때 '기다려' 훈련은 필수입니다. 욕구가 먼저 앞서는 강아지들에게 참는 법을 알려주어야 하니까요. 낯선 사람에게 다가갈 때, 다른 강아지에게 공격적으로 다가갈 때, 갑자기 도로로 뛰어갈 때 등 보호자가 반려견을 통제하고 신변을 보호할 수 있어요. 또 주인에 대한 집착을 낮추고 사회화에 도움이 됩니다.

TV 프로그램 〈우리 아이가 달라졌어요〉에서 말썽꾸러기 아이들에게 강아지 훈련처럼 "기다려." 하며 훈육하는 것을 봤습니다. 막무가내로 떼쓰며 우는 아이, 뭐든 제멋대로 하는 아이들에게 기다리라는 말 한 마디로 진정할 기회를 주는 거였어요. 기다림은 아이에게 생각할 시간을 주고 마음을 가라앉게 합니다. 질서를 알고 인내심을 배우는 과정이에요.

아이는 사회적 동물입니다. 여러 사람과 부딪히며 본능보다 이성이 앞서야 할 때가 많아요. 더불어 살기 위해 인내심은 꼭 필요합니다. 그래서 아이에게 기다리라는 말을 많이 합니다. 어느덧 아이들은 엄마가 중요한 통화라도 하고 있으면 기다렸다가 말을 꺼냅니다. 냉장고에 좋아하는 아이스크림이 잔뜩 있어도 벌컥 문을 열지 않아요.

잠깐, 엄마에게도 '기다려' 훈련이 필요하지 않을까요? 엄마가 보기에 쉬운 계산 문제도 아이는 수십 분이 걸립니다. 학교 갈 시간이 다 되었는데 느긋한 아이 뒷모습을 보니 속이 터져요. 준비물과 숙제는 왜 매번 빼먹는 건지 답답하기만 합니다. 이렇게 쉬운 영어 단어를 몇 시간째 못 외우고 있는 게 이해가 안 돼요.

아이들의 발은 어른보다 작아서 어른이 한 걸음 갈 때 두 걸음을 떼야 해요. 어른의 속도에 맞춰 걸으면 아이는 두 배의 힘이 듭니다. 아이와 동행하는 길에는 아이의 걸음걸이를 기다려주세요.

아이는 엄마의 '기다려' 훈육 덕분에 이미 엄마에 맞추어 살고 있습니다. 이제는 엄마 차례입니다. 엄마의 조급한 마음, 서두르는 마음을 진정시키세요. 기다리고 또 기다리세요. 아이 속도에 대한 집착을 버리세요.

아이에게만 기다리라고 하지 말고
엄마 자신에게도 말해보세요.
"기다려."

일상이
예술

미술교과서의 가장 앞부분에는 '자연미'와 '조형미'라는 개념
이 나옵니다. 자연미는 자연에서 오는 아름다움을 말해요. 꽃,
나무, 하늘, 동물, 사람 등 자연 그대로의 아름다움입니다. 조형
미는 인간이 생각과 감정을 담아 만든 작품에서 느껴지는 아름
다움입니다. 그림, 조각, 건축물뿐 아니라 영화, 포스터, 휴대폰
등 사람이 창조한 모든 조형물에서 오는 아름다움입니다.

그렇게 따지고 보면 이 세상은 미술Art, 즉 예술Art이 아닌 게 없
어요. 우리가 사는 세상은 자연 아니면 사람이 만든 창조물이거

든요. 우리의 일상이 곧 예술입니다.

요리를 하고 나서 음식을 예쁘게 담는 것, 생머리가 좋을지 웨이브 머리가 좋을지 고민하는 것, 분홍색 블라우스엔 어떤 치마가 어울릴까 매치해보는 것, BTS의 뮤직비디오를 보며 퍼포먼스를 감상하는 것, 재미있고 익살스러운 캐릭터가 그려진 학습 만화를 보는 것, 글씨와 그림이 조화롭게 구성되어 있는 포스터를 읽는 것, 이름 석 자를 쓸 때도 예쁘게 쓰려고 하는 것, 초록 잎 위에 새빨간 장미의 느낌을 보는 것, 붉게 물든 노을 하늘을 바라보는 것, 하얀 눈 위에서 스노우 엔젤 놀이를 하는 것… 눈에 보이는 모든 것이 예술입니다.

미술관에 있는 작품만이 예술작품이 아닙니다. 그림을 잘 그려야만 예술가가 아닙니다. 우리는 이미 예술 속에 살고 있어요. 우리는 모두 예술가입니다.

아이가 세상을 바라보며 아름다움을 느꼈으면 해요. 아이가 예술가로 살길 바랍니다.

자연의 아름다움을 온전히 느끼길 바라요. 무심히 밟고 있는 잔디에서 의미를 발견하고 길바닥에 떨어진 나뭇잎 하나에도 창조적 본능을 일으켰으면 해요. 사소한 사물, 행동 하나하나에 가치를 찾길 바랍니다. 노란 연필이 왜 노란색이 되었는지 묻고 풍경을 담는 사진 하나에도 자신만의 생각을 담았으면 해요. 매일의 일상에서 아름다움을 발견하는 아이는 자신의 삶도 아름다운 작품으로 만들 거예요.

아이가 서 있는 공간을 미술관이라고 생각해보세요. 아이가 쓰고 그린 낙서 하나도 예술작품으로 승화시키는 일상의 예술가가 되기를 바랍니다. 엄마가 알려주세요.

"네가 보는 모든 것은 아름다워.
아름다움의 의미는 너의 눈으로 발견되고,
너의 마음으로 해석될 수 있어.
그리고 너의 몸으로 재탄생된단다.
너는 아름다운 예술가야."

아이와의
말 그리기

아들 : 구름을 손으로 잡을 수 있을까요?

엄마 : 글쎄, 네 생각은 어때?

아들 : 저는 음악 공연을 언제 할 수 있을까요?

엄마 : 글쎄, 네 생각은 어때?

아들 : 남자는 포경수술을 꼭 해야 하나요?

엄마 : 글쎄, 네 생각은 어때?

아들 : 목공본드에 왜 알코올이 들어가요?

엄마 : 글쎄, 네 생각은 어때?

아들 : 엄마는 왜 그림을 그리세요?

엄마 : 글쎄, 네 생각은 어때?

아들 : 공부는 왜 해야 할까요?

엄마 : 글쎄, 네 생각은 어때?

아들의 질문은 하루 종일 이어집니다. 솔직히 어떨 때는 대답하기 귀찮을 정도예요. 귀를 막고 싶을 때가 한두 번이 아니에요. 그럴 때 제가 자주 하는 말은 "글쎄, 네 생각은 어때?"입니다. 정답을 알아도 몰라도 아이가 묻는 질문에 아이의 생각을 되물어요. 아이는 자신이 한 질문의 답을 골똘히 생각합니다. 인터넷이나 책을 뒤져서 답을 찾기도 하고 나름의 생각을 정리해 말합니다. 그러면 저는 또 질문해요.

"왜 그렇게 생각해?"

엄마의 질문은 아이의 생각주머니를 키워줍니다. 호기심에서 출발한 질문은 탐구심으로 바뀝니다. 스스로 답을 찾으려 해요. 생각이 꼬리에 꼬리를 물어 깊이 사고합니다. 설령 정답이 아니라도 자신의 생각과 근거를 찾을 수 있어요. 그렇게 얻어진 앎은 금방 잊히지 않습니다.

아이의 질문에는 엄마의 질문으로 응하세요. 어떤 답을 해줄까 대신 어떤 질문을 할까 생각하세요. 지식보다 값진 진리를 발견할 수 있도록.

답을 알려주지 말고
답을 찾게 도와주세요.

아빠의
큰 그림

제 아이 아빠는 무뚝뚝한 편입니다. 아이들만 보면 좋아서 쪽쪽 뽀뽀하는 아빠들이 많던데 그런 편은 아닌 것 같아요. 아들바보, 딸바보란 말은 어울리지 않습니다. 아이들에게 칭찬을 많이 하는 편도 아니에요. 책을 읽어준다든가 몸으로 신나게 놀아준다든가 하는 모습은 좀처럼 보기 힘들어요.

하지만 딱 하나 그 어떤 아빠보다 잘하는 게 있어요. 아이와의 대화입니다. 아빠는 아이의 말을 늘 잘 들어줍니다. 아이가 질문하면 성심성의껏 대답을 해요. 집안의 대소사에 아이의 생각을 꼭 물어요. 컴퓨터를 사거나 여행을 가거나 집에서 행해지는 대부분의 일들에 아이의 의견을 묻습니다. '애들은 몰라도 돼!'라고 말한 적은 없으니까요.

대화할 때는 아이를 고등학생 정도 된 것처럼 대해요. 나긋나긋 친절한 말투도 아닙니다. 아빠의 평소 언어로, 어른의 평소 어휘로 대화합니다. 아이 입장에서는 당연히 모르는 낱말이 툭 튀어 나오죠. 그럴 때마다 무슨 뜻일 것 같은지 다시 묻고 설명해줍니다. 친구 같은 아빠는 아니지만 아빠의 말에서 진심이 보입니다. 그렇게 저녁식사 시간엔 대화의 꽃을 피웁니다.

언어는 저마다 색깔이 있습니다. 우리는 상대방의 말을 통해 그 사람의 품격, 생각, 마음, 안목, 가치관, 세계관을 읽을 수 있어요. 뾰족한 정신은 날카로운 언어로, 고상한 정신은 기품 있는 언어로 흘러나옵니다. 언어는 정신을 투사한 거울과 같아요.

아이들은 부모의 언어를 듣고 자랍니다. 부모와의 대화를 통해 대화의 기술을 익혀요. 말투, 어휘, 표정, 자세까지 자연스럽게

아빠의 밥그릇

닮아갑니다.

부모의 언어는 아이의 언어가 된다는 걸 기억하세요. 부모가 아이를 존중하며 대화하는 만큼 아이에게서 존경심이 우러납니다. 부모가 진심을 담는 만큼 아이도 진실하게 살아갑니다. 부모가 세계를 바라보는 시야만큼 아이의 시야도 넓어집니다. 부모가 생각하는 깊이만큼 아이의 생각도 자라고, 부모의 말그릇만큼 아이의 그릇은 커집니다.

저희 집 저녁식사 시간은 한참이 있어야 끝이 납니다. 맛있는 밥을 먹으며 아빠가 나누는 마음의 양식도 함께 먹어야 하거든요.

아이가 꼭꼭 씹어 자신의 것으로 소화하길 바랍니다.
부모의 언어가 아이의 미래를 말합니다.

소중한
쓰레기 작품

집에 소중한 쓰레기가 넘쳐납니다. 고사리 같은 손으로 처음 엄마를 그린 그림, 타임머신으로 변신된 택배 박스, 꼬물꼬물 써내려간 아이의 이름이 적힌 종이, 엄마의 생일을 축하한다며 만든 알록달록한 카드 등 어느 하나 귀하지 않은 게 없어요.

아이들의 작품을 전시해둡니다. 거실 벽면 한쪽이 갤러리예요. 그곳에 그림이며 낙서며 붙여놓아요. 어른들이 보기엔 삐뚤빼뚤 별거 아니어도 아이들 어깨는 으쓱합니다. 할머니, 할아버지라도 놀러오면 순식간에 화젯거리가 되고 칭찬이 넘쳐납니다.

집이 좀 지저분해지긴 하지만 얼마나 소중해요, 아이의 흔적들이.

물론 정리를 해야 하긴 합니다. 계속 쌓아두면 짐이 되거든요. 사진은 꼭 찍어두고 아이와 상의해서 매우 중요한 작품만 모아둡니다. 사진만 보더라도 아이의 성장을 한눈에 볼 수 있어요. 아이의 예쁜 쓰레기들을 바로 분리수거통으로 버리지 마세요. 단 일주일이라도 전시해주세요. 그리고 아낌없이 폭풍 칭찬해주세요. 그 어떤 것보다 자신감, 자존감을 키워줄 수 있는 가장 쉬운 방법입니다. 아이는 전시된 작품을 보며 존중받고 있다고 생각할 거예요. 작은 공간에서 행복함을 느낄 거예요.

아이들의 끄적거림은 피카소Pablo Ruiz Picasso의 습작보다 가치가 있습니다. 그냥 만들어진 건 절대 없거든요. 소중한 쓰레기 안에는 아이의 생각이 온전히 담겨 있습니다. 쓸모없어 보이는 낙서여도 작품으로 인정해주면 아이 스스로 자신을 가치 있는 사람이라 생각합니다. 미술학원에서 그려온 그림만이 제대로 된 작품이 아니에요. 아이의 생각을 그린 창작물은 모두 명작이에요. 아이의 낙서는 자신을 찾아가며 세상과 소통하는 결과물이기 때문입니다.

거실의 벽면 하나를 아이의 갤러리로 만들어보세요. 유명 화가의 그림을 보며 입체파니 인상파니 설명하기 전에 아이의 작품을 먼저 해석하고 감상하세요.

그리고 느껴보세요.
아이의 생각과 마음을.

명화를
그리는 마음

보기만 해도 기분 좋아지는 명화가 하나 있습니다. 가족의 모습을 그린다면 이 그림에 빗대어 그리고 싶어요. 생동감이 넘치고 몸과 마음이 가뿐해지는 느낌을 받거든요.

앙리 마티스Henri Matisse의 〈춤〉입니다. 그림에는 초록색 언덕 위에서 다섯 명의 사람이 손을 잡고 원을 그리며 춤을 추고 있어요. 강강술래라도 하는 듯 빙글빙글 도는 모습입니다. 손과 손이 이어지는 전체적인 선의 느낌은 제목과 어울리게 율동감이 느껴져요. 단순하면서도 강렬한 색은 사람들의 춤추는 모습에 더 집중하게 만듭니다. 리듬에 맞춰 춤을 추는 인물들을 보고 있노라면 그림 속에서 신나는 음악이 나오는 것 같아요. 즐거운 감정이 저절로 듭니다.

마티스는 '행복의 화가'라고 불리웁니다. 그의 작품 주제는 '평온, 순수, 조화, 기쁨'입니다. 근심스러운 분위기는 찾아볼 수 없어요. 마티스는 그림을 보는 사람들이 편안하게 쉴 수 있는 안락의자 같은 그림을 그리고 싶었거든요.

아이러니하게도 마티스는 제 1차 세계대전, 제 2차 세계대전을 모두 겪은 인물입니다. 말년에는 암 선고를 받고 이젤 앞에 서 있을 힘조차 없을 정도로 건강이 안 좋았어요. 하지만 그에게 그림은 희망이고 기쁨이었어요. 물감으로 그림을 그릴 수 없게 되자 색종이와 가위를 들고 작품을 만들었습니다.

그는 음악, 춤, 식물, 태양, 아라베스크 문양을 파랑, 초록, 빨강에 담았습니다. 모든 색이 음악의 화음처럼 조화를 이루어 노래하길 바랐고 우울한 삶 속에서도 희망을 그리기 바랐습니다. '꽃을 보고자 하는 사람에겐 언제나 꽃이 피어 있다.'라고 말하며 행복한 삶을 그렸어요.

그래서 마티스의 〈춤〉이 그 어떤 그림보다 더 끌렸는지 모릅니다. 그림 속 환희에 찬 주인공들이 내 가족이길 바라며. 우리 가족의 그림은 마티스의 손에서 탄생한 작품들처럼 행복으로 그려졌으면 해요. 가족 모두 어색함 없이 자연스럽게 손을 잡고, 흥겨운 리듬에 하나가 되어 몸을 싣고, 기쁨의 춤을 추었으면 좋겠습니다. 평온함이 가득한 가정에서 아이들은 명랑한 색을 입고 누구 하나 기울어지지 않게 조화를 이루며 살길 바랍니다. 가족 구성원 모두가 가슴속에 순수한 마음을 잃지 않고 전쟁 같은 암울한 상황이 와도 밝은 희망을 볼 수 있었으면 해요.

대가 마티스는 생애 마지막 작품을 만들며 겸손하게 말했습니다.
"나는 내 노력을 드러내려고 하지 않았고, 그 전에 봄날의 즐거움을 담고 있었으면 했다. 내가 얼마나 노력했는지 아무도 모르게 말이다."
저도 엄마의 노고를 겉으로 표내고 싶지 않습니다. '내가 너를 어떻게 키웠는데!'라며 생색을 내지 않을 거예요. 아이의 얼굴에 따스한 봄날처럼 기쁨이 가득하면 그뿐입니다.

매일 아침 붓을 들고

가족의 단란한 모습을 그리고 싶습니다.

행복한 춤을 추는 마음으로…

● 아이의 마음을 먼저 그려야 하는 이유

아이를 사랑하는 부모라면 아이가 몸도 마음도 건강하게 자라길 원합니다. 바른 인성을 갖추고 다재다능한 능력을 펼치며 사회적으로도 성공하길 바랄 거예요. 높은 자존감, 넓은 사회성까지 몸에 배어 있으면 더할 나위 없습니다.

엄마의 바람대로 아이가 따라와줄 것이라 생각하면 욕심이 커집니다. 좋다고 하는 학원에 기웃거려보기도 하고 매일 책도 읽어줍니다. 틈만 나면 미술관이며 박물관으로 다니면서 작품에 대해 설명을 해주기도 해요. 엄마표 영어놀이, 엄마표 미술놀이, 엄마표 과학실험…. 부지런히 아이에게 지식을 전달합니다.

아이에 대한 엄마의 사랑으로 행해지는 모든 활동은 의미가 있습니다. 단, 아이의 마음을 읽은 후여야 해요. 학습보다 정서적 유대

감이 우선입니다. 아이의 마음이 먼저 안정되어야 합니다. 아이가 자신의 감정에 솔직하지 못하고 마음이 불안하다면 학습의 효과는 장담할 수 없습니다.

교육의 주체는 아이입니다. 아이를 파악하지 않고서는 제대로 된 교육이 일어나지 않아요. 아이의 기질, 성격, 성향, 관심사, 호기심을 시시때때로 파악하고 있어야 해요. 지식을 쌓기 위해 무언가를 하기 전에 애정을 쌓기 위해 아이의 마음을 들여다보세요. 아이의 모든 감정을 공감해주고 아이의 편이 되어주세요. 아이의 마음을 먼저 어루만져주고 존중해주세요. 아이를 믿고 지지해주어야 합니다.

아이들은 엄마뿐입니다. 엄마를 사랑해요. 엄마에게 인정받고 싶고 사랑을 받고 싶어요. 기꺼이 아이를 안아주고 사랑을 표현해주어야 합니다. 엄마가 아이를 공감해주면 아이는 자신을 객관적인 눈으로 볼 수 있습니다. 인내심을 발휘하고 잘못된 행동을 고치려고 노력해요. 자존감이 높아지며 감정에 거짓이 없습니다. 다른 사람의 마음을 헤아리는 마음을 저절로 배우게 됩니다. 엄마가 바라는 인품 좋은 아이가 될 가능성이 높아집니다.

● 아이의 마음을 키우는 엄마의 행동

"너 때문에 못 살아."

아이를 키우다 보면 마음에도 없는 말이 툭 튀어나오는 게 한두 번이 아닙니다. 그럴 때마다 엄마의 격한 감정에 못 이겨 아이에게 상처를 주고 있는 건 아닌지요. 아이들은 스펀지 같아서 엄마가 하는 말을 그대로 받아들이고 흡수합니다. 엄마가 예쁘고 좋은 말을 하면 밝고 긍정적으로 자랍니다. 아이가 엄마를 화나게 하는 행동을 했어도 '내 아이의 모든 행동엔 이유가 있다.'고 믿고 너그러운 마음으로 아이의 마음을 이해해주세요.

아이를 미성숙한 존재라고 생각하기 이전에 하나의 인격체로 존중해야 해요. 아이 그대로를 인정하세요. 엄마의 시선에서 판단하지 말고 아이의 눈높이에 맞추어 아이의 마음을 그려내야 합니다.

아이에게 관심을 보이세요. 사랑의 눈으로 아이를 관찰하고 탐색하세요. 쓸데없는 일을 하는 것 같아도 아이들은 나름의 이유가 있습니다. 대신 나서서 간섭하거나 잔소리는 하지 말아요. 믿음으로 지켜보세요. 아이가 필요로 할 경우 격려의 말을 아끼지 말고 든든하게 뒤에서 믿어주세요.

아이를 기다리세요. 아이의 속도를 엄마와 비교하지 마세요.

당연히 아이는 어른보다 느리고 더딥니다. 아이 스스로 해낼 수 있도록 느긋하게 시간을 주세요. 채근하지 않아도 아이들은 자연스럽게 성장합니다. 어른보다 느린 아이의 걸음을 이해해주세요.

아이의 말에 경청하세요. 아이의 마음을 읽으려면 수다쟁이 부모가 되어야 합니다. 아이들은 자신의 말을 잘 들어주고 대화를 많이 하는 부모님을 원합니다. 아이와 소통을 하고 싶다면 먼저 들어주세요. 눈을 맞추고 따뜻한 눈빛으로, 온화한 미소를 하고, '그랬구나'라고 진심을 담아 감정에 호응해야 해요.

아이에게 긍정적인 피드백을 해주세요. 아이는 엄마에게 늘 인정받고 싶어요. 엄마의 기분 좋은 말은 아이가 행복하게 살아가는 원동력이 됩니다. 어설프더라도 아이의 과정과 결과에 진심을 담아 피드백 하세요. 실패하더라도 다시 할 수 있다며 격려의 말을, 혼자서도 잘할 수 있다는 응원의 말을, 노력한 과정과 결과에 대해 칭찬의 말을 아낌없이 해주세요.

아이에게 사랑을 표현하세요. 세상에서 가장 사랑하는 내 아이에게 애정이 담긴 말과 스킨십을 듬뿍 해주세요. 아이가 원할 때, 만족스러울 때까지 사랑을 느끼게 해주세요. '사랑해'라는 말을 들으며 자랄 수 있게 표현하세요. 따뜻한 엄마의 품을 선물하세요.

엄마인 우리는 아이 때문에 살고 못 살기를 반복합니다. 엄마는 누가 뭐래도 아이의 가장 든든한 아군이어야 해요. 기쁨을 느낄 때 나누고, 상처를 받을 때 치유해주는 내 편이어야 합니다. 그런 존재가 되기 위해서는 늘 아이의 마음을 그려보아야 해요. 아이의 입장에서 한 번 더 생각하기 위해 다음과 같이 약속해요.

♡ 아이 마음 그리기

저 (   ) 엄마는 아이의 마음을 항상 그릴 것을 다음과 같이 약속합니다.

하나, 아이에게 끊임없는 관심을 갖겠습니다.

둘, 아이의 속도를 인정하며 엄마의 잣대로 재지 않고 기다리겠습니다.

셋, 아이와 눈을 맞추고 아이의 말에 경청하겠습니다.

넷, 아이에게 진심을 담아 칭찬, 격려, 위로의 피드백을 하겠습니다.

다섯, 세상에서 가장 사랑하는 내 아이에게 애정표현을 아낌없이 하겠습니다.

● 화목한 가정을 그리는 법

어릴 적부터 자주 들었던 '가화만사성(家和萬事成)'이라는 말은 진리입니다. 집안이 화목하면 모든 일이 잘 이루어진다는 뜻이에요. 아이가 행복을 가장 먼저 느끼는 사회집단은 가정입니다. 가정에서 '나는 사랑받고 있는 존재구나.'라고 생각해야 더 넓은 사회에 나가서 행복을 찾을 수 있습니다.

화목한 가정은 엄마 혼자의 힘이 아닌 가족 구성원 모두의 노력이 필요해요. 서로 마음을 주고받고 읽을 수 있어야 해요. 부부간, 부자간에 믿음이 바탕에 있어야 해요. 믿지 않는 마음은 의심을 낳고 갈등을 일으킵니다. 지적, 비난, 무관심의 결과를 초래해요. 아이에게 행복한 미래를 선물하고 싶다면 오늘의 행복한 가정을 만들어요.

부모가 먼저 롤모델이 되어주세요. 아이들은 모방 본능이 있어 부모의 말과 행동을 그대로 따라 합니다. 무서우리만큼 비슷하게 부모의 표정, 말투, 습관, 가치관을 닮습니다. 예의 바른 아이로 키우고 싶다면 부모부터 평소에 아이를 존중하며 행동하세요. 배려하는 아이로 성장하길 바란다면 부부간에 아끼는 마음을 보여주세요. 생각하는 인재를 원한다면 부모부터 고정관념을 버리고 사색하는 습관을 들이세요. 창의적인 인물로 자라기 바란다면 부모부터 평범한 것도 다르게 생각하세요. 달변가가 되기 원한다면 부모의 조리 있고 논리적인 말을 들려주세요. 아이가 꿈을 꾸게 하고 싶다면 부모도 현실에 안주하지 않고 노력하는 모습을 보여주세요.

- 우리 가족의 모습 담기

엄마, 아빠도 사람인지라 화가 나고 언성이 높아질 때가 있습니다. 가정환경이 중요하다는 건 익히 알고 있지만 감정이 앞서는 날엔 모든 것이 무너지죠. 감정에 약한 사람이기에 누구나 그렇습니다. 그럼에도 불구하고 화목한 가정은 자녀교육의 가장 확실한 행복 보증수표입니다.

결속력 있고 평화로운 가정에서 자란 아이는 설령 사춘기가 되어 엇나갈지라도 다시 가정의 품으로 돌아옵니다. 다정다감한 엄마, 버팀목 같은 아빠는 든든한 울타리가 되어줍니다. 힘들고 지칠 때 언제라도 기댈 수 있는 휴식처가 돼요. 집은 세상 어디에도 없는 가장 따뜻한 보금자리입니다. 믿음으로 안아주고 사랑으로 보듬어주는 부모가 있기 때문입니다.

어려서부터 아이가 가정 안에서 자유를 만끽하고 사랑이 넘치는 경험을 했으면 합니다. 아이는 부모의 관심을 듬뿍 받고 가정에서 기쁨의 웃음이 넘치기를 바랍니다. 아이가 세상에 나아갈 때 가장 먼저 의미 있게 배워야 할 교육은 가족의 사랑입니다. 가정에서 행복이 무엇인지를 몸소 느껴야 해요. 가정에서의 평화가 아이의 행복으로 이어집니다.

오늘 우리 가족은 어떤 모습인가요? 대화가 오가고 환한 미소를 주고받았나요?

가족간에 오갔던 대화나 주고받은 미소를 떠올리며
오늘 행복한 우리 집의 풍경을 그려보세요.

엄마 인생의
큰 그림 그리기

꿈에 그리던
엄마

엄마라면 엄마가 된 날을 평생 잊지 못할 거예요. 배 속에서 꼬물거리던 아기를 하루빨리 만져보고 안아주고 싶었어요. 이렇게 힘들 줄도 모르고.

전 임신 마지막 달까지 학교에서 근무를 했어요. 당시 선배 엄마 선생님들이 같은 교무실을 쓰고 있었어요. 출산 휴가를 내고 들어가기 전에 부장선생님과 이런저런 얘기를 나누었습니다. 평소 호흡도 잘 맞고 재미있었던 분인데 그날은 좀 진지했어요.

"박 선생님, 내 친구 중에 자기처럼 일 사랑하고 꾸미기 좋아하는 친구가 있었거든. 주변 도움 없이 아기를 혼자 키웠어. 아기 낳고 한 달쯤 되었을 때 친정엄마가 딸집에 놀러온 거야. 그런데 친정엄마가 아기를 잠깐 돌보고 있는 사이에 친구가 아파트 베란다에서 뛰어내렸어. 나도 딸 하나 키우지만 육아는 정말 만만치 않아. 너무 완벽하게 하려고 하지 마. 아기만 바라보지 말고 자기 일을 찾아야 해. 박 선생님이 워낙 꼼꼼하고 완벽주의라 걱정돼서 그래. 뭐라도 해, 그림을 그리든 재봉틀을 돌리든 말이야."

부장선생님의 말에 조금 당황스러웠어요.

'지금 애 낳으러 가는 사람한테 할 소리인가?'

기분이 팍 상하더라고요. 자살한 친구 이야기가 그때는 이해가 가지 않았어요.

아기를 낳고 일주일도 안 돼서 부장선생님의 말은 가슴에 꽂혔습니다. 죽고 싶을 만큼 힘들었어요. 엄마가 되는 건 아이를 낳으면 저절로 되는 건 줄 알았어요. 아기를 안고 첫 예방접종을 하러 보건소에 가는 지하철 플랫폼에서 당장 뛰어내리고 싶은 심정이었습니다.

아기보다 제가 우는 날이 허다했습니다. 엄마 마음을 모르고 징징대는 아이와 함께 울었어요. 하루 종일 기다린 남편의 얼굴을 보면 왈칵 눈물이 쏟아졌어요. 매일 내가 사라지는 기분에 서러움이 폭발했어요.
'나는 어디 있어?'
나를 찾아야 했습니다. 부장님의 조언대로 오직 나를 위한 시간을 마련해야 했어요. 살기 위해.

새벽 모유수유로 늘 잠이 부족했지만 낮잠을 잔 적이 없었어요. 낮잠을 자면 '나'를 완전히 잠들게 할 것 같았거든요. 아기가 낮잠을 자는 동안이면 나만을 위한 일을 억지로라도 했어요. 서툰 솜씨로 뜨개질을 시작했습니다. 손으로 꼼지락거리니 내 안의 '자아'가 꿈틀거리며 일어났습니다.

엄마는 하고 싶은 것보다 해야 할 일을 먼저 해야 하는 사람입니다. 내 시간을 마음대로 쓸 수 없고 아이를 위해 써야 해요. 엄마이기에 온당히 해야 하는 것이 맞지만, 모성애라는 이름으로 모든 걸 희생하고 싶지는 않아요. '나'를 포기하고 싶지 않아요. 꿈에 그리던 우아한 엄마와 천사 같은 아기는 존재하지 않았어요. 돌만 지나면 끝날 것 같은 육아전쟁은 지금도 진행 중입니다. 자꾸 '나'의 자리를 공격하지만 빼앗기지 않으려고 노력 중이에요. 엄마가 되지 않았으면 몰랐을 거예요. 그럭저럭 살아가며 '나'에 대해 깊이 생각하는 일도 없었겠죠.

엄마의 자리에 나를 다시 세우고 나서야 새롭게 태어난 기분입니다. 엄마가 되어 감정의 소용돌이 속에서 헤맨 덕에 잊고 있던 진짜 '나'의 소중함을 알게 되었습니다.

'나'는 엄마라는 이름에 걸맞게
여물고 단단해지고 있습니다.

카톡
프사

카카오톡 프로필 사진, 어떤 이미지를 올려두셨어요?

친구들, 동네 엄마들과 카톡으로 얘기를 나누다 보면 카톡 프사
가 보이잖아요. 열에 아홉은 귀여운 아이들 사진으로 장식되어
있습니다. 카톡 프사만 봐도 그 집 아이들이 어떻게 크고 있는
지 알 수 있어요.
'미영이네 아들 장래희망은 역사학자구나.'
'소현이네 딸은 요즘 스케이트를 배우나 보네.'
'수진이네 아들은 피아노 연주에 푹 빠졌네.'

'주희네 딸은 책도 열심히 보네.'
속으로 짐작합니다.

제 카톡 프사는 지금껏 아이 사진인 적이 없습니다. 20년 지기 친구들이 농담으로 그래요.
"은선이는 자기애가 강한가봐. 카톡 프사에 애들 사진을 올린 적이 없어."
네, 저는 스스로를 제일 사랑해요. 제 카톡인데 왜 아이들 사진을 올려야 하나요? 박. 은. 선. 의 카톡이잖아요. 누구의 엄마가 아닌 제 본연의 모습으로 보이고 싶어요.

사회생활을 하면 명함이 그 사람을 나타냅니다. 디자이너로 일할 때 명함은 저의 정체성과도 같았어요. 누굴 만나든 명함 하나로 저의 직업, 직함, 직위가 설명되었습니다. 교사가 되고 나니 따로 명함이 없더군요. 학부모님과 인사를 주고받을 때 왠지 어색했어요. '저 이런 사람이에요.'라고 주저리 얘기하기도 민망하고요. 그래서 디자이너였을 때처럼 제 마음대로 교사 명함을 만들었습니다. 제가 하는 일을 종이 한 장으로 또렷이 보여주었어요.

카톡 프사도 남에게 직관적으로 보이는 명함이라고 생각해요. 아이들이 세상 모래알의 수만큼 소중하긴 하지만 '나=아이들' 은 아니잖아요. '나'의 계정이기에 '나'의 이미지를 대문에 걸고 싶어요. 아이들을 키우는 엄마도 맞지만 '나' 자신을 키우는 여자이기도 하거든요. 카톡 프사는 저의 명함입니다.

친구들 눈에 저는 무정한 엄마, 모성애가 약한 엄마예요. 자기 욕심만 채우고 희생을 모르는 엄마. 그런 친구들 평에 기분이 상하지만은 않습니다. 아이 엄마이기 전에 한 사람이니까요. 좋게 생각하면 자신을 사랑한다는 말 아닐까요?

지금 제 카톡 프사는
'나는 누구인지 고민하는
자화상'입니다.

엄마처럼
안 살아

엄마 같은 엄마는 안 되려고요.

제 엄마는 자식들에게 어려서부터 설거지 한 번을 안 시켰어요. 자식들 속옷을 하나하나 개어 옷장에 넣어주셨고, 밥때가 조금이라도 늦을까 발을 동동 구르는 게 다반사였어요. 교복 다림질은 당연히 엄마차지였고요. 결혼하기 전까지 저는 라면 하나 끓여본 적이 없었어요.

동생이 결혼 후 아들 셋을 낳았는데, 엄마 집에서 동생부부도 없이 10년 동안 삼형제를 키우셨어요. 지금도 겨울마다 자식들 집은 물론 사돈집까지 김치를 나르세요. 김장을 하고 난 후에는 꼭 며칠을 드러누워도 해마다 그러고 계십니다. 절약이 몸에 배어 일회용 마스크도 너덜너덜해질 때까지 며칠씩이나 쓰고요. 손주 옷은 잘도 사주면서 정작 엄마는 제가 입던 낡은 옷을 리폼해서 입어요.

엄마가 되어보니 엄마의 마음을 알겠습니다. 여자라서 학교도 제대로 못 다닌 엄마. 꿈을 꾸는 건 사치였습니다. 젊은 나이에 자식 셋을 키우면서 외할아버지 병수발, 대학생 삼촌의 뒷바라지까지 했어요. 가난한 살림에 보태고자 밤새 바느질에 매달렸습니다. '고생은 엄마가 다 할게.'라는 심정으로 가정의 온갖 짐을 어깨에 메고 사셨어요.

존경스럽고 감사하지만, 그래도 엄마처럼은 안 살 거예요. 저는 어려서부터 아이들에게 요리, 설거지도 팍팍 시킬 거예요. 자기가 어지른 물건이나 방은 스스로 정리하게 두고요. 제가 힘들면 배달음식도 시키고, 밥때 좀 늦으면 어때요? 아이들이나 남편이나 자기 옷은 자기가 개어야 합니다. 아이들이 좀 크면 엄마를 위해서 라면도 끓여 바치라고 하려고요. 아이가 결혼하고 자식을 낳아도 손주를 키울 생각은 추호도 없습니다. 자식들이 먹고 싶은 건 자기네들이 사 먹으라 하고요. 적당히 저축하면서 하고 싶은 거 하며 살 거예요. 아등바등 살고 싶지 않아요. 할머니가 되어도 세련된 옷을 사 입으며 멋쟁이 할머니가 되고 싶어요. 제 몸을 아끼고 아껴서 남편이랑 여행이나 다니며 늙고 싶어요.

딱 하나, 엄마를 닮고 싶은 게 있습니다. 돌아보면 엄마의 행복은 자식보다 남편이었어요. 자식들의 공부, 성공에는 열을 내지 않았습니다. 그건 알아서 하는 거라고. (시험기간인데 거실에서 TV 크게 틀어놓고 같이 보자는 건 좀 황당했지만요.) 자식들에게 엄마의 삶을 대신 살라고 강요한 적이 없습니다. 한 번도 우리의 미래에 집착한 적이 없습니다. 엄마의 희생을 보상으로 바라지 않았어요.

저도 그런 엄마가 되려고요.
자식보다 남편을 먼저 보는 아내.
자식의 미래에 나의 전부를 걸지 않는 엄마.

아이와
거리두기

저는 나쁜 엄마입니다. 왜냐하면 강제로 '아이와 거리두기'를 하고 있거든요.

2020년부터 지금까지 코로나19로 모두의 삶이 엉망이 되었어요. 집 안에 갇힌 채 1년을 넘게 보내야 했죠. 아이들이 학교 간 날은 손에 꼽을 수 있을 정도예요. 아침, 점심, 저녁 세 끼는 물론 때 되면 간식까지, 온라인 수업에 필요한 학습지도 꼼꼼히 챙겨야 했어요. 하루 종일 티격태격하는 아이들 때문에 저 혼자 바깥에 나가는 건 상상도 못했죠. 숨이 턱턱 막혔습니다. '잠잠해지겠지.' 하는 기대도 점점 체념으로 바뀌고 돌 노릇이더라고요.

아이들에게 폭발하는 일이 잦아졌습니다. 저도 모르는 새로운 자아를 발견하고 말았어요. 전염병의 위험성을 알고 있지만 제발 아이들 학교 가는 날이 늘어나기를 바랐어요. 혼자만의 조용한 시간이 필요했거든요.

서울대 국제이주와 포용사회센터가 '코로나19 시대의 자녀 돌봄과 부모의 정신건강 위기(2020)'에 대해 조사한 내용을 보니 저만 이렇게 힘들었던 게 아닌가 봐요, 휴. 코로나19 시대 전업주부의 하루 평균 자녀 돌봄 시간 12시간 40분. (네, 아침 8시부터 밤 10시까지, 온라인 수업 듣는 시간 빼면 얼추 비슷하네요.) 자녀에게 짜증을 내거나 화를 내는 경우가 코로나19 이전보다 늘어난 여성은 63.6%. (네, 늘고 말고요.) 자녀와 떨어져 혼자 있는 시간이 절실히 필요하다는 여성은 64.9%. (혼자만의 시간, 제발요.)

코로나19로 엄마들은 지쳤습니다. 사회적 거리두기가 아닌 '아이와 거리두기'가 필요해요. 아이들과 거리를 두고 엄마 혼자 격리되는 시간이 절실합니다. 엄마도 좀 쉬어야죠. 저는 요즘 아이와 함께 있는 모든 시간에 아이만 뚫어져라 보지 않아요. 아이는 학교 다닐 나이이니 혼자 할 수 있는 게 많아졌어요. 엄마 없이도 온라인 수업을 거뜬히 듣고 필요한 준비물도 충분히 챙길 수 있을 거라 믿어요.

저는 아이에게 말합니다.
"엄마 1시간만 나갔다 올게. 필요한 거 있으면 전화해."
그렇게 '아이와 거리두기'를 실천합니다. 하루 한두 시간쯤 혼자 밖에 나가 산책을 합니다. 카페에서 제가 좋아하는 책을 읽고 그림도 그려요. 아이는 뭐든 혼자 하고 싶은 일을 합니다. 엄마의 간섭이 없어 더 좋을 수도요.

지금도 코로나19는 진행 중입니다. 사회적 거리두기가 한창이에요. 집에서도 엄마의 정신 건강을 위해 '아이와 거리두기'를 해보세요. 하루 종일 하라는 말은 절대 아니고요. 하루 한 시간이라도 아이와 공간을 분리해보세요. 밖에 나가기 어렵다면 집안에 분리된 공간을 활용하세요. 커피 한잔에 멍 때리며 창밖을 바라봐도 좋고요. 흘러간 90년대 가요를 들으면 한결 나아지기도 해요. 잊고 있던 취미생활을 시작한다면 금상첨화입니다.

'아이와 거리두기'로

짜증 확산을 미리 방지하세요.

가장
사랑하는 사람

"엄마, 엄마는 누구를 가장 사랑해요?"

어느 날 열 살 아들이 물었어요. 저는 대답 대신 아들에게 누구를 가장 사랑하느냐고 되물었어요. 아들은 지체 없이 바로 대답했습니다.

"저는 엄마를 가장 사랑해요. 제 자신보다 더 사랑해요."

순간 할 말을 잃고 얼어버렸습니다.

"아니, 엄마를 너 자신보다 더 사랑하면 안 돼! 가장 사랑해야 할 사람은 바로 자기 자신이야!"

'사실 엄마도 나보다 너를 더 사랑해.'라는 말 대신 아이에게 솔직하게 말했습니다.

"엄마는 너도 정말 사랑하지만 엄마 자신을 제일 사랑하며 살 거야."

아이를 목숨처럼 아끼고 사랑하는 건 엄마로서 가지는 숭고한 마음일 거예요. 하지만 자기 자신을 먼저 사랑하고 존중하지 않는다면 아이도 남편도 누구도 온전히 사랑할 수 없습니다. 사랑의 중심이 나보다 아이에게 있다면 집착이 될 거예요. 사랑을 내가 아닌 아이로부터 채우려 한다면 스토킹에 지나지 않아요.

이 세상에서 가장 사랑해야 할 사람은 자신입니다. 자신을 사랑하면 스스로를 이해할 수 있습니다. 기쁨, 보람, 행복이 무엇인지 찾을 수 있어요. 스스로에게 칭찬과 격려의 다짐을 하게 됩니다. 부족한 부분도 포용할 수 있고 위기를 극복하는 힘을 갖게 되죠. 어느덧 자신을 자랑스러워하고 자신감이 생깁니다. 그러면 아이에게 더 관대해지고 풍성한 사랑을 줄 수 있어요.

아이가 어른이 되었을 때 어떤 엄마의 모습을 보여주고 싶으신가요? 언제나 솔직하고 당당한 엄마, 웃는 모습이 어색하지 않은 엄마, 성실하고 열심히 사는 모습이 자연스러운 엄마, 시련에 벌벌 떨지 않고 담대한 엄마였으면 해요. 누구에게 의지하지 않고 자신의 길을 가는 엄마였으면 해요. 자연의 아름다움을 느끼고 차 한잔의 여유가 있는 엄마였으면 해요.

세상 제일 귀중한 아이를 낳은 위대한 엄마이기에 스스로 사랑받을 자격은 충분합니다. 자기 자신을 하찮게 생각하지 말아요.
약점도 어루만져주고 할 수 있다 응원을 보내세요.
내면의 나에게 다정하게 대하고 믿어주세요.
오롯이 자신을 아끼고 사랑하세요.

엄마는 자신이 인정하는
가장 소중한 사람이어야 합니다.

스트레스는
툴툴

☐ 나는 부모로서의 책임에 부담을 느낍니다.

☐ 나는 나 자신을 잘 돌보지 못하는 것 같습니다.

☐ 나를 도와주고 이해해주는 사람이 없습니다.

☐ 나는 아이에게 지나치게 화를 많이 냅니다.

☐ 나는 자주 '우리 아이가 집안의 골칫거리'라고 생각합니다.

☐ 나는 우리 아이를 그다지 칭찬하지 않습니다.

☐ 나는 아이를 양육하는 데 있어 일관성이 없습니다.

☐ 아이의 좋은 행동이 눈에 잘 들어오지 않습니다.

☐ 우리 아이는 자기 성질을 이기지 못합니다.

육아서 『6세 아이에게 꼭 해줘야 할 59가지』에 나오는 부모의 양육 스트레스 테스트 질문들입니다.

아이를 키우며 이런 생각을 한 번도 안 했다고 하면 거짓말일 거예요. 아무리 귀하고 예쁜 아이라도 육아는 중노동입니다. 경제적, 시간적, 체력적 여유가 없어요. 말도 잘 통하지 않는 아이와 소통하려 애쓰고 에너지를 쏟아야 합니다. 뜻대로 되지 않을 때가 참 많아요. 어른처럼 행동하지 못해 후회가 되는 날이 있습니다. 아이에게 호통을 치고 두고두고 불쾌한 마음을 간직하게 되죠. 아이는 혼자 키우는 것이 아닌데 남편에게 분한 마음도 듭니다. 아직 철부지 같은 자신에게도 화가 납니다.

그럴 때, 꿋꿋하게 육아를 하기 위한 저만의 스트레스 해소법이 있습니다.

1. 달달한 브라우니에 커피 한잔 마시기
2. 흘러간 90년대 가요 크게 틀어놓기
3. 다이소에서 캐릭터 상품 사기

4. 친구와 카톡으로 수다떨기

5. 블로그에 글쓰기

6. 애들 재워 놓고 남편과 영화보기

7. 주말에 남편과 술 한잔 하며 속내를 털어놓기

   (가끔 싸움으로 번질 때도 있지만…)

별거 아니지만 이거 없으면 건강한 육아가 힘들어요. 지치지 않고 아이도 엄마도 함께 살아야지요. 제때 스트레스를 풀지 않으면 아이가 귀찮아지고 언젠간 폭발해버릴지도 몰라요.

완벽한 엄마는 없습니다. 잘하지 못했다고 질책하지 말아요. 애쓰는 자신을 위로하고 토닥여주세요. 오늘도 무사히 아이와 하루를 함께 했잖아요.

스트레스는 툴툴 털고
기운 냅시다!

거울 속
여자

여섯 살 딸아이는 공주병에 단단히 걸렸습니다. 매일 아침 거울을 보며 얼굴에 꽃받침을 해요. 공주처럼 손가락 두 개로 살포시 치마를 올려요. 발레리나처럼 한 발은 까치발을, 한 발은 우아하게 들어올립니다. 빙그르르 돌며 예쁘다는 말을 연신 합니다.

그 옆에 아줌마 한 명이 서 있어요. 민낯에 질끈 머리는 묶어 올렸어요. 얼굴엔 기미도 좀 껴 있고 잔주름도 보이네요. 다 늘어져 후줄근한 원피스를 대충 걸치고 있습니다. 아이의 모습에 집중하느라 저는 배경입니다. 그 순간 옆에서 딸아이가 하는 말에 마음이 녹아내려요.

"엄마 공주도 예뻐요."

오늘은 거울 속 나를 관찰해봅니다. 가슴도 처지고 어깨도 처져 있어요. 살이 좀 찐 것 같아 자꾸 똥배에 시선이 머무릅니다. 흐리멍텅한 눈빛, 늘어지는 피부에 세월이 야속해요. 가는 세월에 변해버린 몸이야 어쩔 수 없지만 엄마는 누구보다 아름다운 공주입니다. 아이들은 거짓말을 못해서 진실을 말하잖아요. 못생겨도 뚱뚱해도 초췌해도 남루해도 엄마가 제일 예쁘다고 말해줍니다.

백만 불짜리 미소를 짓는 모델. 떨어진 단추도 휘리릭 바느질로 금세 고칠 수 있는 재단사. 맛있는 음식을 뚝딱뚝딱 해줄 수 있는 요리사. 상처가 나면 호호 불며 연고를 발라주는 간호사. 책의 주인공이 살아 움직이는 것처럼 읽어주는 동화구연가. 편안한 잠자리를 위해 뽀송뽀송한 이불을 만져주는 호텔리어. 공주님의 머리를 빛나게 꾸며주는 헤어디자이너. 힘들 때 마음을 치유해주는 심리상담사. 따뜻한 마음으로 두 아이를 거뜬히 안아주는 엄마.

어때요? 거울 속 여자, 매력적이지 않나요? 이런 멀티플레이어 아무나 할 수 있는 거 아닙니다. 동화 속 공주님보다 더 사랑스러워요. 거울 앞에서 늘 배경이었던 나를 주인공으로 세워보세요. 나에게 말을 걸어보세요.

'나, 참 예쁘다.'

니가 왜
거기서 나와

사촌이 땅을 사도 배가 아프지는 않았어요. 대학동기가 모임에 벤츠를 끌고 와도 덤덤했습니다. 그런데 시기심은 인간이 가지는 가장 원초적인 감정이라고 했던가요? 전 남자친구가 유튜브 〈김미경TV〉에 나온 걸 보고 속이 뒤집어졌습니다. 네. 시기, 질투, 열등감이 폭발했어요.

동네에서 마음 맞는 지인들과 『김미경의 리부트』 책을 함께 읽었어요. 사실 유튜브를 잘 안 하던 저는 김미경이 누군지도 몰랐어요. 책을 접하고 유튜브 〈김미경TV〉에 있는 영상을 몇 개

보는데 갑자기 익숙한 얼굴이 튀어나왔어요. 그는 바로 대학 졸업반 때 만났던 전 남자친구.

'니가 왜 거기서 나와~.'

약간의 곱슬머리를 왁스로 고정하고 남색 스웨터를 멀끔히 차려 입었어요. 노란색 책 한 권을 들고는 자신이 집필한 책이라며 그 유명한 김미경 님과 하하 호호 얘기를 나누고 있더라고요.

'뭐야? 나랑 다를 것도 없던 사람이 저기에 왜 나오는 거야?' 솔직히 질투심이 불타올랐습니다. 저와 같은 대학은 아니었지만 비슷한 학교에 같은 전공, 생긴 것도 그냥저냥이었거든요. 〈김미경TV〉에서 본 전 남자친구는 완전히 환골탈태해서 연예인마냥 내숭을 떨고 있었어요. 그 순간 제가 느낀 감정은 시기심 맞습니다.

영화 〈아마데우스〉에는 시기심에 빠진 궁정 악사 살리에리가 나옵니다. 신앙심이 투철했던 살리에리는 모차르트만큼 재능이 있는 음악가였어요. 좀 더 좋은 작품을 만들기 위해 매일 고군분투했습니다. 하지만 그는 모차르트의 천재성을 지켜보며 열등감에 휩싸였어요. 열등감은 이내 시기심으로 변질되고 끝내 모차르트를 죽이고 맙니다. 살리에리는 점점 악마로 변해갔고 음악과 신앙이 모두 파괴되고 말았어요. 오늘날 살리에리는 시기심의 대명사가 되었습니다.

만약 살리에리가 모차르트의 우월한 재능을 역으로 이용했다면 어떻게 되었을까요? 자기 자신을 믿고 모차르트와는 다른 독창적인 가치를 내보이려 노력했다면요? 어쩌면 모차르트만큼 유명한 음악가로 널리 알려졌을지도 몰라요.

저는 전 남자친구를 보며 불같은 게 뼛속까지 끓어올랐습니다. 지금까지 뭘 한 건가 제 자신이 초라했어요. 여태 애 낳아 키우고 열심히 산다고 살았는데 말이죠. (그것도 물론 가치 있는 일인 건 분명합니다.)

하지만 시기심에 부채질하며 제2의 살리에리는 되기 싫었어요. 나락으로 떨어지며 멍청하게 제 자신을 자책하고 싶지 않았어요. 대신 꿈을 하나 가져보기로 결심했습니다. '그래, 너 잘

났다. 나도 나대로 해 보일 거야!' 속으로 조용히 다짐을 했습니다. 그렇게 글을 쓰기 시작했습니다.

혹시 아나요? 제가 유명 유튜브 채널에 나와 인플루언서와 함께 나란히 서 있을 수도요. 샤랄라한 분홍 원피스를 입고 인터뷰를 할지도 모르죠. 그러면 전 남자친구는 어디선가 영상을 보고 이렇게 노래를 부르겠죠.

'니가 왜 거기서 나와~'

늦지
않았기에

라디오 〈이현우의 음악앨범〉을 듣는데 오프닝 멘트가 흘러나
옵니다.

"기적은 있다는 거. 언제, 어디서, 어떻게 마주칠지 모른다는
거. 그것은 너무 이르게 찾아올 때도 있지만, '에그 내 인생 이
제 얼마 남았다고. 음, 그냥저냥 사는 거지 뭐.'라고 해도 찾아온
다는 거, 결코 늦지 않았다는 거."

노래 하나가 끝나고 이어 디제이가 말을 이어갑니다.

"세상에 많은 꽃들이 있지만 피어나는 순간은 다 달라요. 한 여
름에 피는 꽃, 잎이 돋아나기 전에 피는 꽃, 한겨울 영하의 날씨

눈보라 속에 피는 꽃, 수만 가지 꽃이 있지만 여러분은 언제 꽃을 피울 예정인가요? 아직 피지 않았다면 좀 더 기다려보세요."

팔팔한 20대가 인생의 절정일 줄 알았습니다. 그런데 살다 보니 디제이 말이 맞더군요. 아이돌 가수 보아는 10대에 가장 유명세를 탔습니다. 소설가 박완서는 40세에 문학계에 등단을 했어요. 오스카 시상식에서 여우조연상을 받은 윤여정 배우의 나이는 70대였습니다. 사람의 전성기는 정해진 나이가 따로 있지 않습니다.

미국의 국민 화가 그랜마 모지스Grandma Moses 는 보통 사람 같으면 인생의 마지막을 준비할 나이인 76세에 붓을 들었습니다. 학교에서 미술을 배운 적이 전혀 없고 101세에 세상을 떠나기 전까지 1천600여 점의 그림을 그렸습니다. 모지스는 저서 『인생에서 너무 늦을 때란 없습니다』에서 이렇게 이야기 합니다. "어릴 때부터 늘 그림을 그리고 싶었지만 76세가 되어서야 시작할 수 있었어요. 좋아하는 일을 천천히 하세요. 때로 삶이 재촉하더라도 서두르지 마세요."

할머니 화가는 천천히 자신이 정말 하고 싶은 일을 하라고 조언합니다. 사람마다 때가 다를 뿐 누구나 기회는 만드는 만큼 온다고요. 나이가 이미 80세라고 하더라도.

흔히 100세 시대라고 합니다. 엄마의 임무를 다하고 있는 40대도 꿈은 있습니다. 그 꿈이 피는 시기는 모두 다릅니다. 서두르지 않아도 됩니다. 빨리 가지 않아도 됩니다. 선명하지 않아도 됩니다. 높이 가지 않아도 됩니다. 아이들이 자신의 속도로 진로를 정해가듯 엄마도 나름의 속도로 하고 싶은 일을 찾으면 됩니다.

다만 엄마의 꿈은 엄마의 것이어야 해요. 남편이 잘 되기를 바라는 것, 아이들이 성공하기를 기도하는 것은 엄마의 꿈이 아닙니다. 누구의 아내, 누구의 엄마이기 전에 온전히 나만의 꿈을 찾으세요. 나이는 상관 말아요. 오늘은 결코 늦지 않았습니다.

기적 같은 삶은
엄마의 꿈에 달려 있습니다.

엄마의
은밀한 모임

밤 10시 30분 조용히 노트북을 켭니다. 간단하게 필기할 노트 와 펜을 준비해요. 시원한 물도 컵에 담아 놓습니다. 이어폰을 살며시 귀에 꽂고 만나러 갑니다. 랜선 친구들을요.

1년 동안 또래 엄마들과 독서모임을 하고 있습니다. 가족들이 모두 잠든 은밀한 시간에 온라인으로 모입니다. 나이는 모두 다 르지만 또래의 초등학생 자녀를 둔 엄마들이에요. 네 명이 모여 책을 읽고 서로 의견을 나눠요.

독서모임이라 해서 거창하지 않아요. 토론이라고 할 것도 없고요. 책 수다에 가까워요. 책을 매개로 풍성한 이야기가 펼쳐집니다. 책을 읽고 난 후 느낀 점, 인상 깊은 부분, 서평을 자기만의 생각을 담아 말해요. 하나의 책을 보면서도 어쩜 이렇게 생각이 다른지. '내 생각을 이렇게 근거를 들어 말한 적이 있을까?' 싶을 정도로 의견과 이유를 들어 설명합니다. 다른 멤버의 생각에 내 생각이 변하기도 해요. 모임이 끝난 후 읽었던 책을 다시 들춰보기도 합니다.

엄마들과의 독서모임을 추천합니다. 이왕 엄마들과 커피 마시며 옆집 아이의 학원 얘기를 하느니 책 한 권씩 읽고 생각을 나눠보는 건 어떨까요? 저처럼 은밀한 온라인 만남으로도 충분합니다.

함께의 힘은 대단해요. 혼자 독서할 때보다 다방면으로 긍정적인 효과를 가져다줘요. 책을 꼭꼭 씹어 읽는 습관을 만들어줍니다. 읽은 내용을 말로 전하며 독서 효율이 높아지고, 사고의 깊이는 물론 확장을 가져옵니다. 책을 의무적으로 꾸준히 읽어야 하니 독서가 습관이 되고요. 책을 통해 자신을 발견하고 내면을 들여다볼 수 있어요. 위로와 격려 등 밝은 에너지를 받게 되며 경청하는 귀가 됩니다. 매일 밤 엄마들은 함께 성장해요.

아이에게 독서교육을 강조하는 것처럼 엄마도 함께의 힘으로 독서를 실천해보세요. 엄마들과 참된 관계 맺음을 할 수 있어요. 배움을 주고받는 관계로 삶을 함께 생각하게 됩니다.

저의 은밀한 독서모임은 밤 12시가 넘어서야 끝이 납니다. 그럼에도 헤어지기가 늘 아쉬워요. 지식을 얻어서라기보다 편안한 분위기 속에 따뜻한 위로의 선물을 한가득 받았기 때문이에요.

잠자던 영적 감각을 깨우고
성장한 나를 발견하게 됩니다.
그저 함께 책을 읽고
수다를 떨었을 뿐인데 말이죠.

설레는
데이트

부부싸움을 대판 한 적이 있습니다. 신혼이었을 땐 싸울 일도 없었는데 아이가 생기니 툭하면 다툼이 생겼어요. 그날은 될 대로 되라는 심정으로 모든 걸 놓고 싶었어요. '그래! 니가 어디 두 놈 다 키워봐라!' 하고 집을 확 나오고 싶었어요. 하지만 MBTI성격 검사에서 ISFJ유형인 저는 헌신적이고 책임감 있는 성격이거든요. 게다가 소심한 a형이라 배짱이라는 건 그럴 때도 발휘되지 않더군요. 아쉽게도 남편에게 아이들만 맡겨두고 집을 나와본 적이 없네요.

제가 이렇게 미련해요. 그러던 제가 요즘 일요일마다 일탈을 일삼고 있습니다. 가출을 감행합니다. 데이트를 하기 위해서요. 친구를 만나는 것도 아니고 낯선 남정네랑 노는 것도 아니에요. 바로 '나'와의 데이트. 오로지 혼자만의 시간입니다.

줄리아 카메론Julia Cameron의 『아티스트 웨이』를 읽었습니다. 이 책은 자기 내면의 예술적 창조성을 발견하고 자신이 상상한대로 삶을 살아가도록 안내해주고 있어요. 사람은 누구나 마음 안에 어린아이 같은 창조성이 있다고 합니다. 분노, 시기, 좌절, 무기력 같은 상처와 두려움을 자신 안에 있는 창조성을 깨우며 치유할 수 있다고 말합니다. 창조성을 일으키는 방법 중 하나로 '아티스트 데이트'를 제시합니다. 아티스트 데이트는 오직 자신만을 위한 시간을 보내며 내면의 창조성을 마주하는 활동입니다. 일주일에 한 번 두 시간이면 충분합니다. 하고 싶었던 것, 좋아했던 것을 하며 나와 데이트를 합니다.

제 가출은 아티스트 데이트입니다. 데이트는 단순해요. 집 앞 공원 벤치에 앉아 나뭇잎이 살랑거리며 내는 소리를 들어요. 새로 생긴 카페에 앉아 낙서를 하며 달달한 바닐라라테를 즐깁니다. 근처 책방에서 그림이 잔뜩 실린 그림에세이를 들춰보기도 하고요. 문구점에 들러 스누피 캐릭터가 그려져 있는 펜이며 메모지를 사들고 옵니다. 미술관에 전시된 모네의 수련 앞에서 한참을 멍하니 서 있어요.

아티스트 데이트를 하고 나면 마음속의 피터팬을 만납니다. 어린 피터팬을 깨우고 자유롭게 네버랜드를 비행하게 합니다. 내 안의 순수하고 솔직한 나를 만나게 됩니다. 어른, 엄마, 아내라는 타이틀은 잊게 됩니다. 다른 이름으로 꾹꾹 눌렀던 감정이 눈 녹듯 사라져요. 가슴속에 신선한 에너지가 가득 채워져요. 가벼운 발걸음으로 집으로 돌아옵니다.

엄마로서 나답게 사는 건 의외로 심플합니다. 일주일에 두 시간, 아니 한 달에 한 번이라도 나 홀로 있는 시간을 허락해보세요. 그 시간만큼은 오롯이 나에게 집중하고 내면에 있는 어린아이의 응석을 받아주세요. 어떤 눈치도 없이 마음껏 '나와 놀기'입니다. 가족들의 동의가 있어야 하겠죠? 남편에게도 너그러이 아티스트 데이트를 권해주셔도 좋겠네요.

지금은 한 달에 한 번 정도 나와의 일탈을 즐기고 있습니다. 사랑하는 사람과 그저 같이 있는 것만으로도 행복하듯 새로운 나를 만나는 설렘 가득한 데이트입니다.

오늘도 내 안의 해맑은 피터팬을
아기처럼 따뜻하게 보살피는 중입니다.

보통의
아줌마

어릴 때 드라마를 보며 어른에 대한 환상을 키웠어요. 십대 시절 TV에서는 가난하지만 착한 디자이너가 어김없이 등장했어요. 주인공은 기발한 아이디어로 대기업 공모전에서 입상을 합니다. 하지만 예외없이 돈 많은 부잣집 디자이너에게 괴롭힘을 당하죠. 착한 디자이너가 뺨이라도 한 대 맞고 있으면 어디선가 잘생긴 실장님이 백마 탄 왕자마냥 나타나 구해줍니다. 착한 디자이너는 아름다운 신데렐라로 재탄생되며 드라마는 해피엔딩으로 끝이 납니다.

저도 그런 디자이너가 될 줄 알았어요. 회사 임원들 앞에서 당당하게 프리젠테이션 하는 커리어 우먼으로 멋진 남자와 함께 화려하게 살 줄 알았죠. 엄마의 삶은 상상도 못했고요.

어른이 되어 보니 슬프게도 현실은 그렇지 않더군요. 보통의 아줌마가 되었습니다. 외식이라도 한번 하면 아이가 먹을 만한 짜장면만 시켜 나눠 먹었어요. (나도 매운 짬뽕 먹고 싶다!) 여행 장소는 아이들이 신나게 놀 수 있는 워터파크 같은 데로 정하죠. (난 물이라면 질색인데.) 아이를 먼저 먹이고, 입히고, 재우고. 그러면서 제가 생각했던 이상의 세계와는 작별을 했어요.

사십이 넘어 아이들이 어느 정도 크니 아이들과 나가서 짬뽕도 마음껏 시키고 워터파크는 가지만 물에는 들어가지 않아도 됩니다. 어린 시절 꿈꾸던 환상의 세계는 사라졌지만 약간의 여유를 부리다 보니 일상에서 작은 소망들이 생겨납니다.

우리나라에서 이름을 떨치는 디자이너가 되는 것, 이런 그림은 물 건너갔고요. 아이들을 의사, 판사로 만드는 것은 더욱이 바라지 않아요. 그저 보통의 아줌마가 평범한 일상을 살며, 현실에서 조금만 욕심을 내어봅니다.

지금처럼 일상의 그림을 계속 그리고 싶어요. 글도 힘이 닿는 데까지 쓰고 싶고요. 독서를 꾸준히 해서 세상을 보는 안목을 넓히고 싶어요. 만 원짜리 티셔츠를 입어도 명품을 걸친 것 같은 멋스러운 중년이 되고 싶어요. 글을 쓰고 그림을 그릴 수 있는 나만의 공간을 만들고 싶어요. 이건 될지 모르겠지만, 아이들은 딱 대학 때까지만 뒷바라지 할 거고요. 결혼을 하든 안 하든 엄마한테 손 벌리지 않게 하려고요. 남편과 해마다 이곳저곳 해외여행을 가야 하니까요.

가끔 학생들에게 꿈에 대해 물어보면 '평범한 사람'이라고 얘기합니다. 어쩌면 그게 현명한 선택이 될 수도요. 어차피 신데렐라는 드라마에나 존재할 뿐이니까요. 애초에 허황된 이상, 남이 정해둔 기준과 같은 환상을 접고 평범한 일상에 맞춘 소망 자체가 꿈이 됩니다. 뭔가 되려고 하기보다 반복되는 삶 안에서 즐겁게 무언가를 하는 것, 그 자체로도 인생을 살아가는 열정이 됩니다. 삶은 동화가 아니라서 모두가 신데렐라가 될 수는 없어요. 하지만 나만의 이야기를 그려나갈 수는 있잖아요.

보통 엄마의 삶에도
각자의 해피엔딩이 있어요.

역량
시대

이제는 역량 시대입니다. 학교 교육은 점수보다 아이 개인의 역량에 초점을 두어요. 직장에서는 일 잘하는 사람도 중요하지만 의사소통, 타협능력 등 각자의 역량을 위주로 평가합니다.

그런 면에서 우리 엄마들은 갖추어진 미래 인재입니다. 아이를 키우며 오만 가지 일을 다 겪었거든요. 아이 공부 봐주랴, 마음 읽어주랴, 아이들끼리 싸우면 중재하랴, 아이들 통솔하랴, 칭찬하고 아껴주랴…. 매일의 일상이 역량을 신장시켰습니다.

가정도 사회이기에 경력이 되는 거 맞습니다. 지지고 볶고, 고생하고, 위기를 넘긴 경험들. 하물며 의사소통도 잘 되지 않는 아이들을 상대했는 걸요. 고도의 전문성이 요구되는 일입니다. 아이들은 학원가서 배운다는데 엄마들은 몸소 부딪혀 배운 역량들이기에 잘 잊혀지지도 않을 테지요.

엄마라서 더욱 강화된 역량들이 있어요. 협업, 의사소통, 창의적 사고, 문제 해결, 시간 관리, 자기 관리, 지식정보 처리, 위기관리, 공감 능력, 리더십, 성실성, 책임감….
엄마가 되고 나서 교사 생활도 달라졌습니다. 학생들의 감정과 행동을 더 이해하게 되었어요. 수업내용도 아이의 눈높이에서 더 생각하게 됩니다. 사건, 사고라도 생기면 학부모 입장에서 더 고민하게 됩니다.

감히 엄마들에게 경력 단절이라는 말을 하지 말아요. 우리는 엄마로서 어느 조직에서도 배울 수 없는 최고급 역량들을 키우고 있습니다. 그 힘든 걸 우리가 해내고 있단 말입니다. 한 줄도 남지 않는 스펙이라며 자책하지 말아요. 엄마는 아이와 함께 성장하고 있습니다. 이미 매일매일 업데이트 중입니다.

오늘도 '일'하느라
수고하셨습니다.

엄마의
큰 그림

그림을 좋아합니다. 다섯 살 때 엄마 가계부에 삐뚤빼뚤 엄마 얼굴을 그렸던 게 또렷이 기억나요. 여섯 살 때 호랑이 꼬리가 연못에 빠져 꽁꽁 얼어붙은 모습을 그린 그림도. 초등학교 때 장래희망을 물어보면 늘 화가라고 말했어요. 종합장에 왕방울만 한 눈을 가진 순정만화 주인공을 그리는 게 취미였어요. 미술학원은 다니지 않았어요. 그냥 그리고 싶은 대로, 생각나는 대로 그렸죠.

고등학교 와서 문·이과 선택의 기로에서 미대를 가야겠다 마음을 먹었습니다. 아빠가 결사반대했지만 디자이너가 되고 싶었어요. 왠지 디자이너, 멋있잖아요. 아빠는 미대를 갈 거면 미술교육과를 나와 선생을 하라고 했지만 귓등으로 듣지 않았어요.

입시를 위해 고2 때부터 미술학원을 다녔습니다. 입시미술은 수학공식처럼 외워서 그리는 그림이에요. 물감을 100개 넘게 미리 섞어서 만들어 놓아요. 외워서 그리는 그림에는 제 생각 따윈 없습니다. 정답대로 그리면 장땡입니다.

시각디자인과를 갔는데 그림 그릴 기회는 별로 없더군요. 대부분 컴퓨터로 포토샵을 만지니까요. 디자이너 생활도 그렇고, 그림은 제 것이 아니었습니다.

나이 서른에 뒤늦게 교사의 꿈을 갖게 되면서 다시 붓을 손에 들었어요. (고등학교 때 아빠 말씀 들을걸⋯) 임용 시험엔 실기시험이 있었기에 그림을 그려야 했어요. 이번에도 암기해서 그리기입니다. 심지어 학원에서는 수험생들끼리 구도가 겹치지 않게 각자의 구도를 정해줬어요. 어떤 주제가 나와도 제 구도로 그리는 겁니다. 기발한 구도가 생각나도 절대 그렇게 그리면 안 돼요.

친구랑 겹치면 서로 죽는 거고, 괜히 모험했다가 불합격하면 어떡해요. 그때 그렸던 제 구도는 지금도 눈 감고도 그릴 수 있어요.

미술교사가 되어도 학생들 그림을 볼 일은 많았지만 제 그림을 그릴 일은 거의 없었어요. 그렇게 잊고 살았어요. 20년 넘게. 제가 그림을 좋아했다는 걸요.

요즘 다시 그림을 그리기 시작했습니다. 내가 느끼는 대로 생각한 대로. 고등학교 이후 그린 입시 그림엔 제 이름 석자를 사인하기가 부끄러워요. 그런데 지금 그림은 달라요.

공식대로 그린 그림이 아니라 형태도 어긋나고 비율도 틀리지만 제 그림 맞습니다. 저의 기쁨, 슬픔, 아쉬움, 만족, 화남, 행복, 우울, 알딸딸한 느낌을 모두 담아 그렸으니까요.

지금은 매일 그림을 그립니다. 뭘 그릴까 소재를 찾다 보면 하루를 돌아보게 돼요. 처음엔 아이들 모습을 많이 그렸죠. 점점 주제가 '나'로 옮겨집니다. 가끔은 어린 시절을 회상하며 그리고, 어떨 땐 학교에서 아이들과 보낸 시간을 그리고, 때로는 마음에 안 들었던 남편의 행동도 그립니다.

'오늘의 나'를 그리다 보니 '내일의 나'의 모습이 궁금해져요. 앞으로 반평생 넘게 남은 인생, 어떤 큰 그림을 그려볼까요? 아직 뚜렷한 설계도는 없습니다. 하지만 날마다 그림을 그리며 미래를 그리고 있어요. 누가 알려준 정답대로가 아닌 마음이 움직이는 대로 그리는 큰 그림. 저의 모습을 천천히 관찰하고 잘할 수 있는 것, 하고 싶은 것을 찾고 있습니다. 아이의 미래도 중요하지만 엄마의 앞날도 아직 창창하잖아요.

우리,
아이의 큰 그림만 그리지 말고
엄마의 큰 그림도 같이 그려요.

20년 후
자화상

미술 수업의 단골 주제는 단연 자화상 그리기입니다. 초등에서 고등까지 빠지지 않아요. 저도 학생들이 자신의 내면을 살펴봤으면 해서 수행평가의 하나로 꼭 자화상 수업을 진행합니다. 작년에도 그랬고 재작년에도 그랬기에 제가 제시하는 주제는 '20년 후 자화상' 그리기입니다.

자화상을 그리기 전 필수 활동이 있습니다. '20년 후의 내가 현재의 나에게 편지 쓰기'입니다. 20년 후 나의 취미 또는 즐거움은 무엇인지, 20년 후 나는 가족들과 어떻게 지내고 있을지, 20

년 후 나의 최대 관심사는 무엇인지, 20년 후 내가 하는 일은 무엇인지, 20년 후 나의 하루 일과는 어떻게 되는지, 20년 후 나는 더 나은 사람이 되기 위해 어떤 노력을 하고 있는지에 대한 답변을 편지형식으로 씁니다.

저의 20년 후를 상상해봅니다. 대학 졸업반 때 유럽 배낭여행을 간 적이 있어요. 저렴한 게스트하우스에서 숙박을 해결했습니다. 다양한 나라의 사람들이 모여 있는 그곳에 60대쯤으로 보이는 파란 눈의 노부부가 있었어요. 큰 배낭을 풀며 여럿이 잠을 자는 도미토리가 익숙한 듯 제 일행에게 말을 걸었어요. 기차를 타고 유럽여행을 하고 있다며. 그 모습이 지금까지도 저의 로망이 되었어요.
20년 후 세계 여러 나라로 배낭여행을 다닐 거예요. 그러려면 우선 건강을 챙기고, 영어도 좀 배워두고, 돈도 좀 모아놔야겠어요. 남편과의 관계도 좋아야겠네요.

백세 교수로 유명한 연세대 철학과 김형석 명예교수는 『백세일기』에서 말합니다.

"인생은 과거를 기념하기 위한 골동품이 아니다. 항상 새로운 출발이어야 한다."

늘 공부하고 일해야 한다고 강조해요. 일은 생계만을 위한 것이 아닌 가치를 실현하기 위한 것이어야 한다고. 신체는 나이 들더라도 정신은 나이 들지 않도록 해야 해요. 독서는 필수라고 덧붙입니다. 김형석 교수는 50대 후반에 수영을 시작했어요. 매일 일기를 쓰며 백세가 넘은 지금도 자기 성장을 하고 있다고 얘기합니다.

엄마의 20년 후는 어떤 모습일까요? 그때쯤이면 자식들은 성인이 되어 둥지를 떠나고 없을 테죠. 빈 둥지에서 홀로 남겨진 어미새처럼 망연자실하게 있을 수만은 없잖아요. 20년 후면 엄마의 임무가 작아지고 '나'만 남게 될 거예요. 20년 후 나는 무엇을 하고 있을까요? 20년 후 나는 어떤 하루를 보내고 있을까요? 20년 후 나는 언제 가장 즐거울까요? 20년 후 나는 무엇에 꽂혀 있을까요?

20년 후의 내가 지금의 나에게 전하는 편지를 써보세요.

인생의 황금기를 지날 때,
아이와 함께 사랑을 나누고
고생을 했던 그 시절을 그리며
'행복했다' 회상할 수도 있겠네요.

● 엄마의 인생도 함께 그려야 하는 이유

학교에서는 3월이면 어김없이 학부모총회가 있습니다. 저는 초1, 중1, 고1의 총회 날을 모두 경험했어요. 초1은 큰일이 있지 않고서야 엄마들이 모두 참석합니다. 중1은 반에서 반 정도 옵니다. 고1은 대여섯 명 정도예요. 3월 말에 있는 상담은 더 그렇습니다. 고1 담임이었을 때 제발 상담신청 좀 해달라고 단체 문자를 돌려도 상담은 한두 건 할까 말까입니다.

아이들은 키도 크지만 마음도 큽니다. 엄마밖에 몰랐던 아이들은 어느새 방문을 닫고 자신만의 세계를 정립합니다. 고등학생 쯤 되면 학교생활은 알아서 한다며 엄마가 학교에 오는 것조차 부담스러워합니다. 그게 정상입니다. 중학교 때까지 엄마 말 잘 듣던 아이가 고등학교 와서 변했다며 배신감 느끼지 말아요. 아이는 사람으로 커가는 중이니까요. 엄마의 품에서 점점 떠나 독립된 인간이 되어가는 것이 양육의 순리입니다.

엄마도 인간입니다. 사람은 각자 누구도 흉내낼 수 없는 색깔을 가지고 있어요. 모름지기 자주적인 존재로 인격을 이루고 삽니다. 그러면서도 사회 속에서 관계를 맺으며 상호의존적으로 살아가지요. 엄마는 아이와의 관계 속에서 본래의 자주성이 흔들리기 마련입니다. 사랑스러운 아이지만 마음대로 되지 않는 부분에 좌절을 느끼기도 합니다. 존재의 가치가 흔들리며 나의 색이 사라지고 누구의 엄마로 살아갑니다.

엄마가 되었어도 나를 잃지 말아야 해요. 아이는 아이의 인생, 엄마는 엄마의 인생이 따로 있습니다. 아직 어리기에 엄마가 보살필 뿐 언젠가는 떠날 아이들입니다. 아이가 홀연히 떠나고 나서 엄마 자신도 사라지는 것 같은 상실감, 외로움을 맞지 않아야 해요. 그러기 위해서라도 엄마가 아닌 '나'를 놓지 않고 희미해진 나의 색을 선명하게 칠해야 합니다.

엄마가 자신의 삶을 가꾸고 큰 그림을 그릴 수 있어야 아이의 큰 그림도 명작이 됩니다. 아이들은 엄마의 당당하고 자신감 있는 모습을 닮습니다. 엄마가 자기 삶에 낙천적이고 적극적으로 사는 생활방식은 아이들에게 대물림됩니다. 그뿐인가요. 엄마의 자존감은 아이의 자존감으로 전염됩니다. 엄마가 억눌림 없이 양육해야 아이도 자유롭게 큽니다. 엄마가 자신을 먼저 사랑하면 아이에 대한 집착도 사랑이라 착각하지 않습니다.

아직 세월의 반밖에 살지 않은 우리이기에 꿈을 꾸어야 해요. 아이의 꿈을 내 것이라 헷갈려 하지 말고요. 아이를 키우며 갈고 닦았던 노하우를 더한다면 보다 빛나는 그림을 그릴 수 있습니다. 엄마도 아이와 함께 성장하고 있으니까요. 누군가의 엄마, 누군가의 아내가 아닌 오로지 나를 중심에 두고 소망을 품으세요.

- 엄마의 강점을 발견하는 법

엄마 인생의 큰 그림을 그리라고 하니 막막하실 거예요. 이 책을 읽고 있는 분은 워킹맘일 수도, 전업맘일 수도 있겠네요. 부귀영화를 누리고 가문의 영광이 될 만할 인물이 되자는 게 아닙니다. 아이를 내팽개치고 나만 챙겨서도 안 됩니다. 엄마, 아내의 역할에 충실하며 나를 위한 시간과 정성을 쏟자는 거예요. 나답게 나의 삶을 살자는 말이에요. 워킹맘이든 전업맘이든 각자 주어진 환경 속에서 나를 이해하고 탐색하는 것부터 시작합니다.

자신의 성격을 먼저 파악해보세요. MBTI, DISC, 애니어그램 등 인터넷을 통해 손쉽게 성격 검사를 할 수 있습니다. 저는 계획적이고 완벽주의 성향이라는 결과가 나왔어요. 결과지를 보고 조금 더 유연한 마음을 가져야겠다고 다짐하게 되었습니다. 뭉뚱그려 알고 있는 것보다 정확하게 쓰인 성격의 특징을 보면 자기 객관화를 할 수 있습니다. 자신의 장점과 단점을 파악하고 자신을 이해할 수 있습니다.

다음은 자신의 강점을 찾아봅니다. 어른이 되면서 내가 말하기를 즐겨하는지, 수학을 좋아하는지, 음악에 관심이 있는지, 운동을 잘하는지 등 재능, 적성은 이미 경험으로 발현되었을 거예요. 다른 사람들보다 좀 더 잘하는 것, 잘 아는 분야, 즐겁게 할 수 있는 것이 내 큰 그림의 소재가 될 수 있습니다.

예전에 좋아했던 일은 무엇인가요? 과거에 어떤 일을 하며 성취감을 느꼈는지 떠올려보세요. 주변에 닮고 싶은 인물은 누가 있나요? 지치지 않고 몰입해서 할 수 있는 일은 무엇인가요? 나의 마음에게 진정으로 하고 싶은 일은 무엇인지 물어보세요. 자신의 재능, 적성, 흥미를 살피면 강점을 발견할 수 있습니다.

자신의 성격을 이해하고 자신이 잘하고 좋아하는 것을 알았다면 하나씩 실천해보는 겁니다. 아직은 나의 시간보다 엄마의 시간으로 기울어져야 하는 시기가 맞아요. 일상에서 작은 시간을 내어볼 수 있는 일이면 충분해요. 큰 업적을 세우겠다는 생각보다 나의 잠재된 재능과 감각을 깨운다고 생각하세요. 지금 할 수 있는 작은 것부터 목표를 세우세요. 매일 그림을 그려도 좋고 글을 써도 좋습니다. 책을 읽고 독서모임을 갖는 것도 환영합니다.

미국의 위대한 과학자이자 정치가였던 벤저민 플랭클린은 '인생에서 진짜 비극은 천재적인 재능을 타고나지 못한 것이 아니라, 이미 가지고 있는 강점을 제대로 활용하지 못하는 것이다.'라고 하였습니다. 이미 엄마는 학창시절을 보내며 어떤 재능을 보였고 엄마시절을 거치며 그 강점이 더 강화되고 있습니다. 나의 강점을 발견하고 큰 그림이 그려질 수 있도록 스케치를 하세요. 그리고 조금씩 진하게 그리세요. 아무 것도 하지 않으면 그림은 완성되지 않습니다.

지금 나는 어떤 사람일까?

Q1.   나는 무엇을 잘하나요?

_____

Q2. 과거에 어떤 일을 할 때 가장 큰 성취감을 느꼈나요?

Q3. 주변에 닮고 싶은 사람은 누구인가요? 어떤 점을 닮고 싶나
요?

Q4. 지치지 않고 몰입해서 할 수 있는 일은 무엇인가요?

Q5. 내 인생에서 꼭 하고 싶은 일은 무엇인가요?

Q6. 예전에는 좋아했지만 지금은 하지 못하는 것 다섯 가지를 생
     각해보세요.

_____

_____

Q7. 그중 시간을 내어 당장에 할 수 있는 건 무엇일까요? 생각이
     난다면 지금 바로 해보세요.

_____

_____

● 20년 후 엄마의 자화상 그리기

매일 나를 사랑으로 키워낸 우리, 20년 후면 어떻게 변해 있을
까요? 아이가 어른이 된 것처럼 우리도 더욱 무르익은 사람이 되어 있
을 거예요. 누구의 엄마가 아닌 내 이름의 명함이 존재할 거예요. 아이
의 강한 자존감만큼 우리의 자존감도 단단하리라 짐작합니다. 나이
가 무색하게 새로운 일에 도전하는 것에 두려움이 없을 거예요.

'해야 한다'보다 '할 수 있다'는 말이 어울리는 사람으로 성장한

20년 후 나의 모습을 상상해봐요. 아이가 없는 집에서의 하루 일과는 어떤지, 무슨 일을 하며 성취감을 느끼는지, 어떤 사람들과 관계를 맺고 있는지, 최대 관심사는 무엇인지, 무엇을 하며 즐거움을 느끼는지 장면을 떠올려보세요. 나의 헤어스타일, 옷차림, 구두, 액세서리까지 관찰해보세요. 걸음걸이와 표정은 어떤가요? 자신감이 넘치고 기품이 흐르나요? 여유가 있고 우아한 모습인가요?

　　가장 뿌듯하고 만족스러운 모습을 포착하여 자화상을 그려보세요. 그림을 그리며 지난 20년의 세월을 찬찬히 더듬습니다. 그동안 성취한 일들을 되돌아봅니다. 아이를 키우며 나 자신도 함께 성장시키길 잘했다며 감동하길 바랍니다. 나의 가능성과 능력을 키운 것에 감탄이 절로 나면 좋겠습니다. 나의 가치를 저버리지 않고 빛나는 보석으로 만든 것에 행복한 미소가 지어지길 바랍니다.

 20년 후 엄마의 모습

Q1.　20년 후 나의 취미 또는 즐거움은 무엇일까요?

_____

_____

Q2. 20년 후 나는 가족들과 어떻게 지내고 있나요?

_____

_____

Q3. 20년 후 나의 최대 관심사는 무엇인가요?

_____

_____

Q4. 20년 후 내가 하는 일은 무엇인가요?

_____

_____

Q5. 20년 후 나는 더 나은 사람이 되기 위해 어떤 노력을 하고 있
     을까요?

_____

_____

아이가 이 세상에 단 하나뿐인 소중한 존재인 만큼, 엄마도 이 넓은 우주에 딱 하나뿐인 축복받은 존재입니다. 사랑할 수밖에 없는 아이처럼, 나 자신도 열렬히 사랑해주세요. 서툴고 초라할지라도 어루만져주고 쓰다듬어주세요. 스스로를 믿고 잘하고 있다고 격려해주세요. 그대로의 나를 인정하고 충분히 보듬어주세요.

아이는 평생 나의 그림자처럼 붙어 있을 것 같지만 어른이 되면 떠나보내야 합니다. 아이가 배신했다고 핀잔 말고 스스로 자신을 챙기지 못한 건 아닌지 생각해보세요. 엄마와 아이가 각자 스스로를 믿고 서로를 응원해주는 관계가 되길 바랍니다. 결국 엄마가 그린 아이 성장의 큰 그림은 윤곽선일 뿐, 아이만의 색으로 칠해질 거예요. 진짜 엄마의 큰 그림은 모나리자 미소보다 더 아름다운 모습이 담긴 엄마만의 자화상이 되길 바랍니다.

엄마의 20년 후의 모습을 그려보세요.
지금보다 더 아름다운 자화상이 되도록
오늘 실천할 수 있는 일도 떠올려보세요.

엄마의 큰 그림

1판 1쇄 인쇄 2021년 8월 30일
1판 1쇄 발행 2021년 9월 17일

지은이 박은선
펴낸이 고병욱

책임편집 이새봄 **기획편집** 이미현
마케팅 이일권 김윤성 김도연 김재욱 이애주 오정민
디자인 공희 진미나 백은주 **외서기획** 이슬
제작 김기창 **관리** 주동은 조재언 **총무** 문준기 노재경 송민진

펴낸곳 청림출판(주)
등록 제1989 – 000026호

본사 06048 서울시 강남구 도산대로 38길 11 청림출판(주) (논현동 63)
제2사옥 10881 경기도 파주시 회동길 173 청림아트스페이스 (문발동 518 – 6)
전화 02 – 546 – 4341 **팩스** 02 – 546 – 8053
홈페이지 www.chungrim.com **이메일** life@chungrim.com
블로그 blog.naver.com/chungrimlife **페이스북** www.facebook.com/chungrimlife

ⓒ 박은선, 2021

ISBN 979-11-88700-88-2 (03590)